机械常识

JI XIE CHANG SHI

主编 ◎ 戴石辉 陈昆明　　　副主编 ◎ 易伟

经济管理出版社
ECONOMY & MANAGEMENT PUBLISHING HOUSE

U0226007

图书在版编目（CIP）数据

机械常识/戴石辉，陈昆明主编. —北京：经济管理出版社，2015.6
ISBN 978-7-5096-3755-5

Ⅰ.①机…　Ⅱ.①戴…②陈…　Ⅲ.①机械学—中等专业学校—教材　Ⅳ.①TH11

中国版本图书馆 CIP 数据核字（2015）第 088788 号

组稿编辑：杨国强
责任编辑：杨国强　张瑞军
责任印制：黄章平
责任校对：赵天宇

出版发行：经济管理出版社
　　　　　（北京市海淀区北蜂窝 8 号中雅大厦 A 座 11 层　100038）
网　　址：www. E-mp. com. cn
电　　话：(010) 51915602
印　　刷：三河市延风印装有限公司
经　　销：新华书店
开　　本：787mm×1092mm/16
印　　张：15.5
字　　数：340 千字
版　　次：2015 年 9 月第 1 版　2015 年 9 月第 1 次印刷
书　　号：ISBN 978-7-5096-3755-5
定　　价：36.00 元

前 言

　　为进一步适应新的职业教育教学改革方向，更加贴近教学的实际及学生的需求，本书将"以就业为导向，以职业能力为本位，以学生为主体"的教育理念作为教材编写的指导思想，打破了"机械工程材料"、"工程力学"、"机械设计基础"、"液压传动技术"课程的界限，以培养学生的机械系统分析能力、综合知识应用能力和创新能力为主线，将"机械工程材料"、"工程力学"、"机械设计基础"、"液压传动技术"四门课程的教学内容进行有机整合、精练、充实，并突出实用性和综合性。注重对学生的动手能力、工程实践等能力的训练和综合能力的培养。本书是长沙市望城区职业中等专业学校国家中等职业教育改革发展示范学校项目建设的成果，是 2013 年湖南省职业院校教育教学改革研究项目《基于专业对口招生的中高职衔接人才培养模式改革与创新》的研究成果、湖南省职业教育"十二五"省级重点建设项目 2014 年度项目《模具设计与制造专业中高职衔接人才培养试点项目》的建设成果。

　　本课程是中等职业学校机械加工技术专业学生必修的一门专业基础课，也是一门理论性很强的课程。本课程的核心目标是使学生掌握必备的专业基础知识和基本技能，培养学生应用相关知识解决实际问题的能力，为学生的职业生涯发展和终身学习奠定牢固的基础。

　　教材采用"项目—任务"式构建课程内容体系，主要知识点分为 6 个项目，分别为：金属材料与热处理；工程力学；常用机构；机械传动；机械零件；液压传动。每个项目下设置若干任务，便于贯穿介绍理论知识。本书建议学时为 70~100 学时。

　　本书在编写过程中力求做到"有用、实用、好用"，内容体现以下特点：

　　（1）采用"项目—任务"式结构，各项目自成体系。按照"以应用为目的，以必需、够用为度"的原则，精选教学内容，将"机械工程材料"、"工程力学"、"机械设计基础"、"液压传动技术"四门课程的教学内容进行有机融合。在教学中可按项目顺序讲授，也可多项目并行讲授，内容上可适当调整，以适应不同类型学校和不同专业方向的需要。

　　（2）任务目标明确，内容全面且浅显易懂。每个任务给出具体的学习目标、重点和难点，使学生有的放矢。知识内容选取力求做到"全而不乱"、"多而不难"，很多地方直接给以结论性的语句，摒弃了繁杂的推理和证明过程。

（3）注重理论和实践相结合。每个任务后面附有"任务引入"、"知识应用"，强化学生将理论知识应用于实际的能力及工程素质的教育。每个项目后面附有"复习与思考题"，便于学生复习自学和教师检验教学效果。

本书由长沙市望城区职业中等专业学校戴石辉和陈昆明担任主编，长沙市望城区职业中等专业学校易伟、湖南工业职业技术学院周进和王韧、湖南财经工业职业技术学院胡智清和汪哲能担任副主编，长沙市望城区职业中等专业学校姚宏伟、李慧和翟根先，湖南工业职业技术学院易杰、简忠武和彭欢，湖南财经工业职业技术学院陆元三和刘红燕，长沙县职业中等专业学校李立，祁东县职业中等专业学校王端阳和刘雄建，中南工业学校杨觉荣和舒仲连，涟源市工贸职业中等专业学校李强，宁乡县职业中专学校卢碧波参编。本书由湖南工业职业技术学院熊建武担任主审。

本书适合中等职业技术学校和成人培训学校机械加工技术、模具制造技术、数控技术应用、汽车运用技术、汽车制造与检修、焊接技术应用、机电一体化等加工制造类专业教学使用。

由于编者水平有限，书中难免有疏漏及不当之处，恳请广大读者批评指正。

编　者

2015 年 6 月

目　录

概　述

一、本课程的研究内容

本课程是中等职业学校机械加工技术专业的一门综合性基础课程。所谓综合性，是因为这门课包括机械工程材料、工程力学、机械零件与传动、液压传动技术等多方面的内容；所谓基础，是因为无论从事机械制造或维修，还是使用、研究机械或机器，都要运用这些基础知识。

生产实践中常用的机械设备和工程部件都是由许多构件组成的，当它们承受载荷或传递运动时，每个构件必须具有足够的承载能力以确保工作安全可靠。要安全可靠地工作，构件必须具有足够的强度、刚度和稳定性。在实际工作中，为了安全则要求选用较好的材料或采用较大的截面尺寸；为了经济则要求选用廉价的材料或采用较小的截面尺寸。显然，这两个要求是相矛盾的，工程力学为分析构件的强度、刚度与选择合理的结构提供了基本理论与方法。

构件是由材料制成的。机械零件质量的好坏和使用寿命的长短都与它的材料直接相关，机械工程材料的基本知识为合理地选择材料，充分发挥材料本身的潜在性能奠定了基础。

为了正确使用机器，必须了解机器的组成。从运动上看，机器由若干传动机构组成；从结构上看，机器由若干零件组成。要了解机器，就要了解机构的工作原理、特点及应用和通用零件的类型、结构、材料、标准及选择方法。

综上所述，制造、维修、使用常用的机械设备和工程结构，就必须具备力学、材料、机构与机械零件的相关知识，这些正是本课程的主要内容。

通过本课程的学习，可以了解机器的组成；了解构件的受力分析、基本变形形式；了解常用机械工程材料的种类、牌号、性能和应用，明确热处理的目的；熟悉通用机械零件的工作特性和常用机构、机械传动的工作原理及运动特点；了解液压传动工作原理、特点、组成、结构及应用；初步具有使用和维护一般机械的能力；学会使用标准、规范手册和图表等技术资料的方法。从而为学习职业岗位技术，形成职业能力打下基础。

二、本课程的性质与任务

本课程是一门理论和实践性都很强的专业基础课程，是学习后续专业课程或解决工程实际问题的必备基础。

通过本课程的学习，学生应达到：

（1）掌握常用工程材料的性能、用途及选用原则；

（2）了解工程实际中简单力学问题的分析方法，对工程构件的强度、刚度有初步认识；

（3）掌握常用机构和通用零件的基本工作原理及基础知识；

（4）初步具有选用常见机构和通用零件的能力及使用和维护一般机械的能力；

（5）掌握液压传动的基础知识，初步具有分析、解决工程问题的能力。

三、本课程的学习方法

鉴于本课程的特点，学生在学习这门课程时应注重以下几个特点：

（1）学会综合运用知识。综合运用金工实习、机械制图、互换性与测量技术等课程所学知识，与本课程所学内容融会贯通。

（2）学会知识技能的实际应用。本课程是一门实践性很强的课程，除完成理论知识的学习外，还应注重工程实际应用，对于生活生产中的一些常见现象，多从专业角度考虑分析，培养实践分析应用能力。

（3）学会总结归纳。本课程的研究对象多，内容繁杂，所以必须对每一个研究对象的基本知识、基本原理、基本设计思路方法进行归纳总结，并与其他研究对象进行比较，掌握其共性与个性，只有这样才能有效提高分析和解决问题的能力。

项目一　金属材料与热处理

材料是人类生产和生活所必需的物质基础。从日常生活用的器具到高技术产品，从简单的手工工具到复杂的机器人、航天器，都是用各种材料制作而成的。通过本模块的学习，应了解机械工程中常用材料的分类、性能、应用，有哪些热处理工艺，如何根据使用要求选择合适的材料。

任务1　金属材料的种类

【学习目标】

掌握黑色金属的分类、牌号、性能和应用；

掌握有色金属的分类、牌号、性能和应用。

【学习重点和难点】

常用黑色金属材料的分类和牌号；

常用有色金属材料的分类和牌号。

【任务导入】

金属材料是最重要的工程材料，工业上将金属材料及其合金分为两大类型：黑色金属和有色金属。

【相关知识】

一、黑色金属材料

黑色金属是指铁和以铁为基础的合金（钢、铸铁和铁合金），其中碳钢和铸铁是现代机械工业生产中使用最广泛的金属材料，是主要由铁和碳两种元素组成的合金。

（一）碳素结构钢

1. 普通碳素结构钢

（1）碳素钢的应用与生产。碳素钢是近代工业中使用最早、用量最大的基本材料。目前，碳素钢的产量在各国钢总产量中的比重保持在 80%左右，广泛应用于建筑、桥梁、铁道、车辆、船舶和各种机械制造工业。工业用钢主要是由冶金厂生产的板材、棒材、型材、管材及线材等。钢材生产的主要流程是：炼铁、炼钢、铸锭、压力加工成各种规格的钢材。

（2）碳素钢中的化学成分及其影响。碳素钢的性能主要取决于钢的含碳量和显微组织。在退火或热轧状态下，随含碳量的增加，钢的强度和硬度升高，而塑性和冲击韧性下降。所以工程结构用钢，常限制含碳量。

碳素钢中的残余元素和杂质元素如锰、硅、镍、磷、硫、氧、氮等，对碳素钢的性能也有影响。这些影响有时互相加强，有时互相抵消。其中，影响比较显著的有：①硫、氧、氮都能增加钢的热脆性，而适量的锰可减少或部分抵消其热脆性；②残余元素除锰、镍外都降低钢的冲击韧性，增加冷脆性；③除硫和氧降低强度外，其他杂质元素均在不同程度上提高钢的强度；④几乎所有的杂质元素都能降低钢的塑性和焊接性。

有的碳素钢还添加微量的铝、铌或其他氮化物或碳化物微粒，使钢强化，节约钢材。此外，经常将碳素结构钢加工成各种板材、管材、线材、型材等满足市场的需要，如图1-1所示。为适应专业用钢的特殊要求，对普通碳素钢结构的化学成分和性能进行调整，从而生产出了一系列普通碳素结构钢的专业用钢，如桥梁用钢、建筑用钢、钢筋、压力容器用钢等。

(a)　　　　　　　　(b)　　　　　　　　(c)

图1-1　常用钢铁型材

（3）碳素结构钢的牌号。按照国家标准GB/T 221-2008，碳素结构钢牌号分为四个部分，如表1-1所示。

表1-1　碳素结构钢牌号（摘自GB/T 221-2008《钢铁产品牌号表示方法》）

组成部分	表示内容	补充说明
第一部分	Q+强度值	字母Q表示"屈服"，其后的强度值为材料的屈服极限
第二部分（必要时）	钢的质量等级	从优到劣用英文字母A、B、C、D、E、F……表示
第三部分（必要时）	脱氧方式	沸腾钢、半镇静钢、镇静钢、特殊镇静钢分别用F、b、Z、TZ表示
第四部分（必要时）	产品用途、特性和工艺方法	例如压力容器用钢的符号为R、桥梁用钢为Q、保证淬透性钢为H

例如，Q235-A·F，该牌号表示屈服强度为 235MPa 的 A 级优质沸腾钢；Q285B，该牌号表示屈服强度为 285MPa 的 B 级碳素结构钢，是镇静钢，省略 Z。

（4）常用牌号应用。Q195、Q215 塑性较高，有一定的强度，可用于制作铆钉、螺钉、地脚螺栓、轴套、开口销及焊接结构件；Q235、Q255 强度较高，塑性和韧性较好，可用于制作螺栓、螺母、拉杆、连杆、吊钩、心轴、联轴节和不太重的机械零件，以及建筑、桥梁等结构件；Q275 可用于制作较高强度的转轴、链轮、螺栓、螺母、齿轮、键等机械零件。

2. 优质碳素结构钢

（1）优质碳素钢的分类与性能。优质碳素结构钢和普通碳素结构钢相比，硫、磷及其他非金属夹杂物的含量较低。根据含碳量和用途的不同，这类钢大致又分为三类，如表 1-2 所示。

表 1-2　三类优质碳素结构钢的性能和用途

类别	分类标准	性能说明
低碳钢	含碳量小于 0.25%	低碳钢强度和硬度较低，塑性和韧性较好。因此其冷成性能良好，同时还具有良好的焊接性和切削性
中碳钢	含碳量为 0.25%~0.60%	热加工及切削性能良好，焊接性能较差。强度、硬度比低碳钢高，而塑性和韧性低于低碳钢。在中等强度水平的各种用途中，中碳钢得到了最广泛的应用
高碳钢	含碳量大于 0.6%	高碳钢具有高的强度和硬度、高的弹性极限和疲劳极限，切削性能尚可，但焊接性能和冷塑性变形能力差。主要用于制造弹簧和耐磨零件

（2）优质碳素钢的牌号。按照国家标准 GB/T221-2008，优质碳素结构钢牌号分为五个部分，如表 1-3 所示。

表 1-3　优质碳素结构钢牌号说明（摘自 GB/T 221-2008《钢铁产品牌号表示方法》）

组成部分	表示内容	补充说明
第一部分	表示含碳量数字	以万分之几计表示钢材的平均含碳量
第二部分（必要时）	表示锰元素含量	含锰元素较高的，加标锰元素符号 Mn
第三部分（必要时）	钢材冶金质量	高级优质钢和特级优质钢分别用 A、E 表示
第四部分（必要时）	脱氧方式	沸腾钢、半镇静钢、镇静钢、特殊镇静钢分别用 F、b、Z、TZ 表示
第五部分（必要时）	产品用途、特性和工艺方法	例如压力容器用钢的符号为 R、桥梁用钢为 Q、保证淬透性钢为 H

例如，45 钢，该牌号表示含碳量为 0.45% 的优质碳素结构钢；60 Mn，该牌号表示含碳量为 0.60% 的优质碳素结构钢，另外含有锰元素。

（3）常用牌号应用。

08~25 钢，含碳量低，强度、硬度较低，塑性、韧性及焊接性良好，主要用于制造冲压件、焊接结构件及强度要求不高的机械零件。

30~55 钢，属于调质钢，经过调质处理后具有良好的综合力学性能，主要用于制造受力较大的机械零件。

60钢以上的钢，属于弹簧钢，经过热处理后可以获得较高的弹性极限，主要用于制造弹性零件。

（二）工具钢

1. 碳素工具钢

（1）碳素工具钢性能。含碳量高，在0.65%~1.35%，硫、磷及非金属夹杂量较少。

碳素工具钢生产成本较低，原材料来源方便；易于冷、热加工，在热处理后可获得相当高的硬度、强度；在工作受热不高的情况下，耐磨性也较好，因而得到广泛应用。其中高级优质碳素工具钢韧度较高，磨削时可获得较低的表面粗糙度，适宜制造形状复杂、精度较高的工具。

但这类钢红硬性较差，工作温度超过250℃以后，硬度和耐磨性迅速下降；淬透性低，工具断面尺寸大于15mm时，水淬后只有表面层得到高的硬度，故不能做大尺寸的工具；热硬性低，只适于制作尺寸小、形状简单、切削速度低、进刀量小、工作温度不高的工具。

（2）碳素工具钢牌号。按照国家标准GB/T 221-2008，碳素工具钢牌号分为四个部分，如表1-4所示。

表1-4　碳素工具钢牌号（GB/T 221-2008《钢铁产品牌号表示方法》）

组成部分	表示内容	补充说明
第一部分	T	碳素钢的表示符号
第二部分	平均碳含量	用阿拉伯数字表示平均碳含量，以千分之几计
第三部分 （必要时）	锰元素符号	锰含量较高的碳素工具钢，加锰元素符号Mn
第四部分 （必要时）	钢材冶金质量	高级优质碳素工具钢以A表示，优质钢不用字母表示

例如，T8，表示平均含碳量8‰的碳素工具钢；T10A，表示平均碳含量10‰的高级优质碳素钢。

（3）常用牌号应用。T7，用于承受振动、冲击、硬度适中有较好韧性的工具，如凿、冲头、木工工具、大锤等。

T8，用于有较高硬度和耐磨性要求的工具，如冲头木工工具，剪切金属用剪刀等。

T10，适于制造工作时不变热、耐磨性要求较高、不受剧烈震动、具有韧性及锋利刀口的工具，如刨刀、车刀、手工锯条、冷冲模等。

T12，用于不受冲击、高硬度的工具，如丝锥、锉刀、板牙、量具等。

2. 合金工具钢

（1）合金工具钢的分类与性能。合金工具钢是在碳素工具钢基础上加入铬、钼、钨、钒等合金元素，以提高淬透性、韧性、耐磨性和耐热性的一种钢种。它主要用于制造量具、刀具、耐冲击工具和冷、热模具及一些特殊用途的工具。通常分为以下三类，如表1-5所示。

表 1-5　合金工具钢分类及性能说明

类别	性能说明	应用说明
刃具钢	刃具在工作条件下产生强烈的磨损并发热，还承受振动和一定的冲击负荷。刃具用钢应具有高的硬度、耐磨性、红硬性和良好的韧性。为了保证其具有高的硬度，满足形成合金碳化物的需要，钢中碳含量一般在 0.8%~1.45%	盘形铣刀
模具钢	模具大致可分为冷作模具、热作模具和塑料模具三类，用于锻造、冲压、切型、压铸等。由于各种模具用途不同，工作条件复杂，因此对模具用钢，按其所制造模具的工作条件，应具有高的硬度、强度、耐磨性，足够的韧性，以及高的淬透性、淬硬性和其他工艺性能	冲压模具
量具钢	量具应具有良好的尺寸稳定性、高耐磨性、高硬度和一定的韧性。因此量具用钢应具有硬度高、组织稳定、耐磨性好，以及良好的研磨和加工性能、热处理变形小、膨胀系数小和耐蚀性好的特性。常用的钢类有铬钢、铬钨锰钢、锰钒钢等	螺纹通规

（2）合金工具钢牌号。按照国家标准 GB/T 221-2008，合金工具钢牌号分为两个部分，如表 1-6 所示。

表 1-6　合金工具钢牌号说明（摘自 GB/T 221-2008《钢铁产品牌号表示方法》）

组成部分	表示内容	补充说明
第一部分	表示含碳量的数字	平均碳含量小于 1.00% 时，采用一位数字表示碳含量（以千分之几计）。平均碳含量不小于 1.00% 时，不表明含碳量数字
第二部分	合金元素及含量	合金元素含量用元素符号和阿拉伯数字表示，具体表达方法为：平均含量小于 1.50%，仅标出元素符号，不标含量；平均含量为 1.50%~2.49%、2.50%~3.49%、3.50%~4.49%、4.50%~5.49%……时，在相应元素符号后标出 2、3、4、5……

例如，5CrMnMo，该牌号表示平均含碳量为 0.5%，含有不超过 1.5% 铬、锰、钼元素的合金工具钢。

（3）常用牌号应用。9SiCr 可用于制造板牙、钻头、铰刀、形状复杂的冲模；CrMn 可用于制造各种量规、块规；5CrMnMo 可用于制造中型热锻模。

（三）铸铁

1. 铸铁的分类与性能

铸铁是含碳量大于 2.11%，并含有较多 Si、Mn、S、P 等元素的多元铁合金。铸铁具有许多优良的性能：

（1）力学性能低（$\sigma_b \leqslant 200MPa$）；

（2）耐磨性好（石墨润滑剂，现成的储油槽）；

（3）消振性能好（石墨吸收震动能量）；

（4）铸造性能好（流动性好、收缩小）；

（5）切削性能好（石墨可以断屑）。

因而它是应用最广泛的材料之一。例如，机床床身、内燃机的气缸体、缸套、活塞环及轴瓦、曲轴等都可以用铸铁来制造。

铸铁是根据碳的存在形态来分类的。铸铁中绝大部分的碳以 Fe_3C 形式存在的，称为白口铸铁。碳全部或大部分以石墨形式存在的，称为灰口铸铁。灰口铸铁中的石墨形态有片状、团絮状、球状和蠕虫状 4 种，其对应的铸铁称为"普通灰口铸铁、可锻铸铁、球墨铸铁、蠕墨铸铁"，如表 1-7 所示。

表 1-7　铸铁的分类与性能介绍

类别	性能说明	应用说明
灰口铸铁	含碳量较高（2.7%~4.0%），碳主要以片状石墨形态存在，断口呈灰色，简称灰铁。熔点低（1145~1250℃），凝固时收缩量小，抗压强度和硬度接近碳素钢，减震性好	用于汽车发动机气缸、齿轮、调速轮、刹车盘和鼓轮以及大型机床底座
白口铸铁	碳、硅含量较低，碳主要以渗碳体形态存在，断口呈银白色。凝固时收缩大，易产生缩孔、裂纹。硬度高，脆性大，不能承受冲击载荷	主要用于炼钢原料或制造可锻铸铁的毛坯
可锻铸铁	由白口铸铁退火处理后获得，石墨呈团絮状分布，简称韧铁。其组织性能均匀，耐磨损，有良好的塑性和韧性	常用来制造一些重要的小件。目前已广泛地应用于汽车、铁道、建筑、电力、纺织、家电、国防、机械制造等各个领域
球墨铸铁	将灰口铸铁铁水经球化处理后获得，析出的石墨呈球状，简称球铁。比普通灰口铸铁有较高强度、较好韧性和塑性	主要用于制造汽车、拖拉机底盘等多种零件以及机器零件和阀门、电力线路零件等

2. 铸铁牌号

按照国家标准 GB/T 5612-2008，铸铁牌号的组成有以下三种类型，如表 1-8 所示。

表 1-8　铸铁牌号说明（摘自 GB/T 5612-2008《铸铁牌号表示方法》）

组成部分	表示内容	补充说明
第一类型	由代号和表示力学性能特征值的阿拉伯数字组成	①主要代号有：灰口铸铁为 HT、白口铸铁为 BT、可锻铸铁为 KT、球墨铸铁为 QT、蠕墨铸铁为 RuT。②表示力学特性的数字是拉伸强度值。③合金元素含量是用质量分数表示。
第二类型	由代号和主要合金元素的元素符号及其名义百分含量组成	
第三类型	由代号、主要合金元素的元素符号及其名义百分含量和表示力学性能特征值的阿拉伯数字组成	

例如，HT200，该牌号表示最低抗拉强度为 200MPa 的灰口铸铁；QT400-15，该牌号表示最低抗拉强度为 400MPa，延伸率为 15% 的球墨铸铁。

3. 常用牌号应用

HT200 可用于制造一般运输机械中的气缸体、缸盖、飞轮，一般机床中的床身、箱体等，机械中承受中等压力的泵体、阀体等；QT400-17 可用于阀门的阀体和阀盖，汽车、内燃机车、拖拉机底盘零件，机床零件等；KTH330-08 可用于制造扳手、犁刀、纺机和印花机盘头。

（四）刀具材料

1. 刀具材料的基本要求

（1）高硬度。刀具是从工件上去除材料的工具，所以刀具材料的硬度必须高于工件材料的硬度；刀具材料最低硬度应在 60HRC 以上；对于碳素工具钢材料，在室温条件下硬度应在 62HRC 以上；高速钢硬度为 63~70HRC；硬质合金刀具硬度为 89~93HRC。

（2）高强度与强韧性。材料必须具有较高的强度和较强的韧性，一般刀具材料的韧性用冲击韧度 aK 表示，反映刀具材料抗脆性和抗崩刃能力。

（3）较强的耐磨性和耐热性。一般刀具硬度越高，耐磨性越好。刀具金相组织中硬质点（如碳化物、氮化物等）越多，颗粒越小，分布越均匀，则刀具耐磨性越好。

刀具材料耐热性是衡量刀具切削性能的主要标志，通常用高温下保持高硬度的性能来衡量，也称热硬性。刀具材料高温硬度越高，则耐热性越好，在高温下的抗塑性变形能力、抗磨损能力越强。

（4）优良导热性。刀具导热性好，表示切削产生的热量容易传导出去，降低了刀具切削部分温度，减少刀具磨损，其耐热冲击和抗热裂纹性能也强。

（5）良好的工艺性和经济性。刀具不但要有良好的切削性能，本身还应该易于制造，这要求刀具材料有较好的工艺性，如锻造、热处理、焊接、磨削、高温塑性变形等功能；经济性也是刀具材料的重要指标之一，选择刀具时，要考虑经济效果，以降低生产成本。

2. 常用刀具材料

常用刀具材料有硬质合金、高速钢和陶瓷等其他刀具材料，目前用得最多的为硬质合金和高速钢。

（1）硬质合金钢。硬质合金是用高硬度、高熔点的金属碳化物（如 WC、TiC、TaC、NbC 等）粉末和金属黏合剂经高压成型后，再在高温下烧结而成的粉末冶金制品。

硬质合金中的金属碳化物熔点高、硬度高、化学稳定性与热稳定性好，但抗弯强度较低、脆性较大，抗振动和冲击性能较差。硬质合金因其切削性能优良而被广泛用来制造各种刀具。在我国，绝大多数车刀、端铣刀和深孔钻都采用硬质合金制造。常用硬质合金牌号及其应用范围如表 1-9 所示。

表 1-9　常用硬质合金牌号及应用范围表

| 合金牌号 | 物理机械性能 | | | 推荐用途 | 相当于 ISO |
	密度 (g/cm²)	抗弯强度不低于 (N/cm²)	硬度不低于 (HRA)		
YG3X	14.6~15.2	1320	92	适于铸铁、有色金属及合金淬火钢、合金钢小切削断面高速精加工	K01
YG6X	14.6~15.0	1420	91	经生产使用证明，该合金加工冷硬合金铸铁与耐热合金钢可获得良好的效果，也适于普通铸铁的精加工	K10
YG6	14.5~14.9	1380	89	适用于铸铁、有色金属及合金非金属材料中等切削速度下的半精加工	K20
YG8	14.5~14.9	1600	89.5	适于铸铁、有色金属及其合金与非金属材料加工中，不平整断面和间断切削时的粗车、粗刨、粗铣、一般孔和深孔的钻孔、扩孔	K30

合金牌号	物理机械性能			推荐用途	相当于 ISO
	密度 (g/cm²)	抗弯强度不低于 (N/cm²)	硬度不低于 (HRA)		
YT15	11.0~11.7	1150	91	适用于碳素钢与合金钢加工中，连续切削时的粗车、半精车及精车，间断切削时的小断面精车，连续面的半精铣与精铣，孔的粗扩与精扩	P10
YT14	11.2~12.0	1270	90.5	适于在碳素钢与合金钢加工中，不平整断面和连续切削时的粗车，间断切削时的半精车与精车，连续断面粗铣，铸孔的扩钻与粗扩	P20
YT5	12.5~13.2	1430	89.5	适于碳素钢与合金钢（包括钢锻件，冲压件及铸件的表皮）加工不平整断面与间断切削时的粗车、粗刨、半精刨，非连续面的粗铣及钻孔	P30
YW1	12.6~13.5	1180	91.5	适于耐热钢、高锰钢、不锈钢等难加工钢材及普通钢和铸铁的加工	M10
YW2	12.4~13.5	1350	90.5	适于耐热钢、高锰钢、不锈钢及高级合金钢等特殊难加工钢材的精加工，半精加工。普通钢材和铸铁的加工	M20

（2）高速钢。

1）高速钢性能。高速钢是一种加入了较多的钨、铬、钒、钼等合金元素的高合金工具钢，有良好的综合性能。其强度和韧性是现有刀具材料中最高的。

高速钢的制造工艺简单，容易刃磨成锋利的切削刃；锻造、热处理变形小，目前在复杂的刀具，如麻花钻、丝锥、拉刀、齿轮刀具和成形刀具制造中，仍占有主要地位。

2）高速钢牌号。按照国家标准 GB/T221-2008，高速钢牌号分为三个部分，如表 1-10 所示。

表 1-10　高速钢牌号说明（摘自 GB/T221-2008《钢铁产品牌号表示方法》）

组成部分	表示内容	补充说明
第一部分	合金元素及含量	合金元素含量用元素符号和阿拉伯数字表示，具体表达方法为：平均含量小于 1.50%，仅标出元素符号，不标含量；平均含量为 1.50%~2.49%、2.50%~3.49%、3.50%~4.49%、4.50%~5.49%……时，在相应元素符号后标出 2、3、4、5……
第二部分（必要时）	钢材冶金质量	高级优质钢和特级优质钢分别用 A、E 表示
第三部分（必要时）	脱氧方式	沸腾钢、半镇静钢、镇静钢、特殊镇静钢分别用 F、b、Z、TZ 表示

例如，W18Cr4V，该牌号表示含有 18%钨，含有 4%铬的高速钢；CW6Mo5Cr4V2，该牌号表示含有 6%钨，含有 5%钼，含有 4%铬，含有 2%钒的高碳高速钢。

3）常用牌号应用。W18Cr4V 热处理硬度可达 63~66HRC，抗弯强度可达 3500MPa，可磨性好，广泛用于制造各种复杂刀具；W6Mo5Cr4V2，用于制造各种工具，如钻头、丝锥、铣刀、铰刀、拉刀、齿轮刀具等，可以满足加工一般工程材料的要求。

3. 其他材料

陶瓷刀具：是以氧化铝（Al_2O_3）或以氮化硅（Si_3N_4）为基体，再添加少量金属，在高温下烧结而成的一种刀具材料。一般适用于高速下精细加工硬材料。一些新型复合陶瓷刀也可用于半精加工或粗加工以及难加工的材料或间断切削。陶瓷材料被认为是提高生产率的最有希望的刀具材料之一。

人造金刚石：它是碳的同素异形体，是目前最硬的刀具材料，显微硬度达10000HV。它有极高的硬度和耐磨性，与金属的摩擦系数很小，切削刃极锋利，能切下极薄切屑，有很好的导热性，较低的热膨胀系数，但它的耐热温度较低，在700℃~800℃时易脱碳，失去硬度，抗弯强度低，对振动敏感，与铁有很强的化学亲和力，不宜加工钢材，主要用于有色金属及非金属的精加工、超精加工以及作磨具、磨料用。

立方氮化硼：是由立方氮化硼（白石墨）在高温高压下转化而成的，其硬度仅次于金刚石，耐热温度可达1400℃，有很高的化学稳定性，较好的可磨性，抗弯强度与韧性略低于硬质合金。一般用于高硬度、难加工材料的半精加工和精加工。

二、有色金属材料

有色金属是指黑色金属以外的金属及其合金，如铜合金、铝及铝合金。钢铁材料虽然有很好的性能，但是还有很多金属制品没有选用钢材而是选用有色金属材料，小到钥匙大到飞机（见图1-2），因其具有某些特殊的使用性能，有色金属成为现代工业技术中不可缺少的材料。本任务将主要介绍工业上最常用的有色金属铝及铝合金、铜及铜合金。

（a）

（b）

（c）

图1-2　有色金属应用

（一）铝及铝合金

1. 纯铝的性能特点

纯铝具有白色光泽，密度小（2.72g/cm³），熔点低（660.4℃），导电、导热性能优良；具有面心立方晶格，无同素异构转变，无磁性；在空气中易被氧化，形成致密的氧化膜，因而抗大气腐蚀性能好；具有可塑性和低强度，易于加工成型，还具有良好的低温塑性。

纯铝主要用于科研、化学工业、电子工业以及其他一些特殊用途和日常生活用品制造。

2. 铝合金的性能特点

纯铝的强度很低，不适宜制作承受较大载荷的结构零件，加入一定量的合金元素，可得到强度较高、耐蚀性较好的铝合金。铝合金中的主加元素如 Si、Cu、Mg 等在铝中具有较高的溶解度，能起显著强化作用。辅加元素如 Cr、Ti、Zr 等能改善铝合金的热处理工艺性能，并细化晶粒。因此，铝合金可用于制造承受较大载荷的机械零件或构件，成为工业中广泛应用的有色金属材料；又由于铝合金具有较高的比强度，已经成为飞机的主要结构材料。

3. 铝合金的分类

铝合金可分为变形铝合金和铸造铝合金。

变形铝合金经冶金厂以不同的压力加工方式制成各种规格的型材、板、带、线、管材等。它们是机械工业和航空工业中重要的结构材料，由于质量轻、比强度高，在航空和航天工业中占有特殊的地位。变形铝合金按其主要性能特点可分为防锈铝合金、硬铝合金、超硬铝合金和锻造铝合金等。

用于制作铸件的铝合金称为铸造铝合金。这类合金除需要必要的力学性能和耐蚀性外，还应具有良好的铸造性能，故铸造铝合金比变形铝合金含有较多的合金元素，可形成较多低熔点共晶体以提高其流动性，改善合金的铸造性能。

铝及铝合金的分类、性能特点如表 1-11 所示。

表 1-11　铝合金的分类及应用

分类		合金名称	合金系	性能特点	示例
变形铝合金	非热处理强化铝合金	防锈铝	Al–Mn	抗蚀性、压力加工性与焊接性能好，但强度较低	3A21
			Al–Mg		5A05
	热处理强化铝合金	硬铝	Al–Cu–Mg	力学性能高	2A11，2A12
		超硬铝	Al–Cu–Mg–Zn	硬度强度最高	7A04，2A50
		锻铝	Al–Mg–Si–Cu	锻造性能好，耐热性能好	2A14，2A50
			Al–Cu–Mg–Fe–Ni		2A70，2A80
铸造铝合金		简单铝硅合金	Al–Si	铸造性能好，不能热处理强化，力学性能较高	ZL102
		特殊铝硅合金	Al–Si–Mg	铸造性能良好，可热处理强化，力学性能较高	ZL101
			Al–Si–Cu		ZL107
			Al–Si–Mg–Cu		ZL105，ZL110
			Al–Si–Mg–Cu–Ni		ZL109
		铝铜铸造合金	Al–Cu	耐热性好，铸造性能与抗蚀性差	ZL201
		铝镁铸造合金	Al–Mg	力学性能高，抗蚀性好	ZL301
		铝锌铸造合金	Al–Zn	能自动淬火，宜于压铸	ZL401
		铝稀土铸造合金	Al–Re	耐热性能好	—

4. 铝合金的牌号

（1）铝及变形铝合金牌号。按 GB/T 3190-1996 和 GB/T 16474-1996 的规定，纯铝和变形铝合金牌号命名的基本原则是：可直接采用国际四位数字体系牌号；未命名为国际四位数字体系牌号的纯铝及其合金采用四位字符牌号。牌号形式如下所示：

1）1XXX 系列为工业纯铝；

2）2XXX 系列为 Al–Cu、Al–Cu–Mn 合金；

3）3XXX 系列为 Al–Mn 合金；

4）4XXX 系列为 Al–Si 合金；

5）5XXX 系列为 Al–Mg 合金；

6）6XXX 系列为 Al–Mg–Si 合金；

7）7XXX 系列为 Al–Mg–Si–Cu 合金；

8）8XXX 系列为 Al–其他元素；

9）9XXX 系列为 Al–备用系。

牌号第一位数字表示铝及变形铝合金的组别；牌号第二位数字（国际四位数字体系）或字母（四位字符体系，除字母 C、I、L、N、Q、P、Z 外）表示原始纯铝或铝合金的改型情况，数字 0 或字母 A 表示原始合金，如果是 1~9 或 B~Y 中的一个，则表示对原始合金的改型情况；最后两位数字用以标识同一组中不同的铝合金，对于纯铝则表示铝的最低质量分数中小数点后面的两位数。

铝及变形铝合金的新旧牌号对照如表 1–12 所示。

表 1–12　铝及变形铝合金的新旧牌号对照

类别	新牌号	旧牌号	类别	新牌号	旧牌号
工业纯铝	1070（1070A）	L1	特殊铝合金	4A01	LT1
	1060	L2		4A13	LT13
	1050（1050A）	L3		4A17	LT17
	1035	L4		5A41	LT41
	1100	L5–1		5A66	LT66
	1200	L5			
防锈铝合金	—	LF1	锻铝合金	6A02	LD2
	5A02	LF2		2A50	LD5
	5A03	LF3		2B50	LD6
	5A05	LF5		2A70	LD7
	5A06	LF6		2A80	LD8
	5B05	LF10		2A90	LD9
	5083	LF4		2A14	LD10
	5056	LF5–1		6061	LD30
	3A21	LF21		6063	LD31
	3003	—			
硬铝合金	2A01	LY1			
	2A02	LY2			
	—	LY3			
	2A04	LY4			
	2A06	LY6	超硬铝合金	7A03	LC3
	2B11	LY8		7A04	LC4
	2B12	LY9		—	LC5
	2A10	LY10		7A09	LC9
	2A11	LY11		7A10	LC10
	2A12	LY12		7003	LC12
	2A13	LY13			
	2A16	LY16			
	2A17	LY17			

（2）铸造铝合金牌号。铸造铝合金的代号用"铸"、"铝"两个字的汉语拼音的字首"ZL"及其后的三位数字表示。第一位数字表示合金类别（1为铝—硅系，2为铝—铜系，3为铝—镁系，4为铝—锌系）；第二位、第三位数字为合金顺序号，序号不同者，其化学成分也不同。

（二）铜及铜合金

1. 铜及铜合金的性能

纯铜呈紫红色，故又称为"紫铜"。其密度为 8.9g/cm³，熔点为 1083℃；具有面心立方晶格，无同素异构转变，无磁性；具有良好的导电性和导热性；在大气、淡水和冷凝水中具有良好的耐蚀性。

纯铜的强度不高（200M~250MPa），硬度较低（40~50HB），塑性好（δ=45%~50%）。冷变形后，其强度可提高到 400M~500MPa，硬度可达到 100~200HB，但伸长率下降。纯铜主要用于配制铜合金、制作导线及耐蚀材料等。

铜合金是在纯铜中加入合金元素制成的，常用合金元素为 Zn、Sn、Al、Mn、Ni、Fe、Be、Ti、Zr、Cr 等。

由于合金元素的作用，使得铜合金既提高了强度，又保证了纯铜的特性。因而在机械工业中得到了广泛的应用。

2. 铜合金分类

根据化学成分，铜合金分为黄铜、青铜、白铜三大类。

（1）黄铜。以锌作为主要添加元素的铜合金。

为了改善普通黄铜的性能，常添加其他元素，如铝、镍、锰、锡、硅、铅等。铝能提高黄铜的强度、硬度和耐蚀性，但会使其塑性降低。锡能提高黄铜的强度和对海水的耐腐性。铅能改善黄铜的切削性能。

适宜制造海轮冷凝管及其他耐蚀零件；船舶热工设备和螺旋桨等；钟表零件；阀门和管道配件等。

（2）白铜。以镍为主要添加元素的铜基合金，呈银白色，被称为白铜。

纯铜加镍能显著提高强度、耐蚀性、电阻和热电性。工业用白铜根据性能特点和用途不同分为结构用白铜和电工用白铜两种，分别满足各种耐蚀和特殊的电、热性能。适宜制造精密机械、精密电工仪器、变阻器、精密电阻、热电偶等。

（3）青铜。原指铜锡合金，后除黄铜、白铜以外的铜合金均被称为青铜。

锡青铜的铸造性能、减摩性能和力学性能好。铝青铜的强度、硬度、耐磨性、耐热性及耐蚀性好。铍青铜具有很高的强度、弹性极限、耐磨性、耐蚀性、良好的导电性、导热性和耐低温性，无磁性，受冲击时不起火花，以及良好的冷热加工性能和铸造性能。

适于制造轴承、蜗轮、齿轮；高载荷的齿轮、轴套、船用螺旋桨等；精密弹簧和电接触元件。

（三）轴承合金

1. 轴承合金的性能

制造滑动轴承的轴瓦及其内衬的耐磨合金称为轴承合金。轴承合金的组织是在软相基体上均匀分布着硬相质点，或硬相基体上均匀分布着软相质点。

轴承合金具有如下性能：良好的耐磨性能；有一定的抗压强度和硬度，有足够的疲劳强度和承载能力；塑性和冲击韧性良好；具有良好的抗咬合性；良好的顺应性；良好的嵌镶性；良好的导热性、耐蚀性和小的热膨胀系数。

2. 轴承合金的分类

常见的轴承合金有锡基轴承合金和铅基轴承合金，又称为巴氏合金。

锡基轴承合金是以 Sn 为主并加入少量 Sb、Cu 等元素，具有较高的耐磨性、热导性、嵌藏性和耐蚀性，浇注性好，摩擦系数小，疲劳极限较低，工作温度不超过150℃，价格高。广泛用于重型动力机械，如汽车发动机、气体压缩机、涡轮机、内燃机的轴承和轴瓦。

铅基轴承合金的硬度、强度、韧性、导热性、耐蚀性都比锡基轴承合金低，但摩擦系数较大，高温强度较好，价格较便宜。广泛用于制造承受低、中载荷的轴承，如汽车、拖拉机曲轴、连杆轴承。

3. 轴承合金牌号

巴氏合金代号用 ZCh+基本元素符号（Sn 或 Pb）+主加元素符号+主加及辅加元素的平均质量分数表示。

例如，ZChSnSb11-6，表示含 11%锑，含 6%铜，余量为锡；ZChPbSb16-16-2 表示含 16%锑、含 16%锡、含 2%铜、余量为铅。

【知识应用】

（1）某设备使用 45 钢加工的齿轮机构实现动力传递。假设某齿轮发生断裂，需加工一个同样参数的齿轮替换，现只有灰口铸铁、可锻铸铁、球墨铸铁三种材料，试分析应选用哪一种？

（2）某汽车要进行轻量化设计，其中改变材料是一个重要的途径。将一些原先由钢铁材料制造的零件改用非铁金属材料会显著减小汽车的重量。试分析，汽车中哪些零件可用非铁金属材料制造。

任务2　金属材料性能

【学习目标】

熟悉金属材料的性能；

掌握材料的力学性能指标及含义；

了解金属材料的工艺性能。

【学习重点和难点】

金属材料的力学性能；

金属材料的工艺性能。

【任务导入】

金属材料之所以得到广泛应用，主要是由于它具有许多优良性能，金属材料的性能一般可分为：物理性能和化学性能、力学性能、工艺性能。其中工艺性能是指金属材料在加工过程中所表现出来的特性，包括铸造性能、锻造性能、焊接性能、热处理性能和切削加工性能。

【相关知识】

一、物理和化学性能

物理、化学性能虽然不是结构设计的主要参数，但在某些特定的情况下却是必须加以考虑的因素。

（一）物理性能

即材料本身所具有的特性，主要考虑下列几点：

1. 密度

密度是金属材料的一个重要物理性能，与材料的使用和检测等都有关系。金属的密度即指单位体积金属的质量，其常用单位为 g/cm^3 或 kg/m^3。

根据密度的大小，金属材料可分为轻金属和重金属。密度小于 $4.5g/cm^3$（即 $4.5 \times 10^3 kg/m^3$）的金属叫作轻金属，如铝、钛等。

2. 熔点

金属从固体状态向液体状态转变时的温度，称为熔点。熔点一般用摄氏温度（℃）表示。各种金属都有其固定熔点。如铅的熔点为 323℃，铁的熔点为 1538℃，普通钢材的熔点为 1500℃左右。

熔点低于 1000℃的金属称为低熔点金属，熔点在 1000℃~2000℃的金属称为中熔点金属，熔点高于 2000℃的金属称为高熔点金属。

3. 热膨胀性

金属材料在受热时体积会增大，冷却时则收缩，这种现象称为热膨胀性。各种金属的热膨胀性不同。常用线［膨］胀系数表示热膨胀性。如铁在 0~100℃时，$\alpha_1 = 11.76 \times 10^{-6}℃^{-1}$，即温度升高 1℃，铁的线［膨］胀系数增加 $11.76 \mu m/m$。

在实际工作中，有时必须考虑热膨胀性的影响。例如：一些精密测量工具就要选择膨胀系数较小的金属材料来制造；铺设铁轨、架设桥梁、加工过程中测量金属尺寸时都要考虑到热膨胀的因素。

4. 导热性

金属材料传导热量的能力称为导热性。一般用热导率表示金属材料导热性能的优劣。热导率大的金属材料的导热性好。在一般情况下，金属材料的导热性比非金属材料好。金属的导热性以银最好，铜、铝次之。

导热性好的金属散热也好，可用来制造散热器零件，如冰箱、空调的散热片。

5. 导电性

金属材料传导电流的性能称为导电性。但各种金属材料的导电性各不相同，其中以银为最好，铜、铝次之，工业上用铜、铝做导电的材料。导电性差的高电阻金属材料，如铁铬合金、镍铬铝、康铜和锰铜等用于制造仪表零件或电热元件，如电炉丝。

6. 磁性

金属材料导磁的性能称为磁性。具有导磁能力的金属材料都能被磁铁吸引。铁、钴等为铁磁性材料，锰、铬、铜、锌为无磁性或顺磁性材料。但对某些金属来说，磁性也不是固定不变的，比如铁在 768℃ 以上就表现为没有磁性或顺磁性。

铁磁性材料可用于制作变压器、电机的铁心和测量仪表零件等；无（顺）磁性材料可用于制作要求避免磁场干扰的零件。

（二）化学性能

即材料在某些介质中所表现出的抵抗化学侵蚀的能力，如耐腐蚀性、抗氧化性和化学稳定性。

1. 耐腐蚀性

金属材料在常温下抵抗氧、水蒸气及其他化学介质腐蚀作用的能力，称为耐腐蚀性。常见的钢铁生锈，就是腐蚀现象。

腐蚀对金属材料危害很大，每年都有大量的钢铁被锈蚀。严重时还会使金属构件遭到破坏而引发重大恶性事件，特别是在腐蚀介质中工作的金属材料制件，必须考虑金属材料的耐腐蚀性能。

2. 抗氧化性

金属材料抵抗氧化作用的能力，称为抗氧化性。

金属材料在加热时，氧化作用加速，如钢材在锻造、热处理、焊接等加热作业时，会发生氧化和脱碳，造成材料的损耗和各种缺陷。因此，在加热坯件或材料时，常在其周围形成一层还原气体或保护气体，以避免金属材料的氧化。

3. 化学稳定性

化学稳定性是金属材料的耐腐蚀性和抗氧化性的总称。金属材料在高温下的化学稳定性叫作热稳定性。用于制造在高温下工作的零件的金属材料，要有良好的热稳定性。

二、力学性能

力学性能是指材料在外力作用下所表现出来的特性。主要包括强度、塑性、硬度、韧性、疲劳强度。

载荷可以根据大小、方向和作用点是否随时间变化分为静载荷和动载荷。静载荷是指不随时间变化或缓慢变化的载荷；冲击载荷是指加载速度快、作用时间短的载荷；交变载荷是大小、方向随时间呈周期性变化的载荷。冲击载荷和交变载荷均属动载荷。

强度、塑性、硬度是衡量材料在静载荷作用下的力学性能，韧性是衡量材料在冲击载荷作用下的力学性能，疲劳强度是衡量材料在交变载荷作用下的力学性能。

1. 强度

强度是指金属材料在静载荷作用下抵抗变形和断裂的能力。强度指标一般用单位面积所承受的载荷（内力）即应力表示，符号为 σ，单位为 MPa。

工程中常用的强度指标有屈服强度和抗拉强度。屈服强度是指金属材料在外力作用下，产生屈服现象时的应力，或开始出现塑性变形时的最低应力值，用 σ_s 或 $\sigma_{0.2}$ 表示。抗拉强度是指金属材料在拉力的作用下，被拉断前所能承受的最大应力值，用 σ_b 表示。

机械零件工作时不允许产生塑性变形，所以屈服强度是零件强度设计的依据；对于因断裂而失效的零件，用抗拉强度作为其强度设计的依据。

2. 塑性

塑性是指金属材料在外力作用下产生塑性变形而不断裂的能力。

工程中常用的塑性指标有伸长率和断面收缩率。伸长率指试样拉断后的伸长量与原来长度之比的百分率，用符号 δ 表示。断面收缩率指试样拉断后，断面缩小的面积与原来截面积之比，用 ψ 表示。

伸长率和断面收缩率越大，其塑性越好；反之，塑性越差。良好的塑性是金属材料进行压力加工的必要条件，也是保证机械零件工作安全，不发生突然脆断的必要条件。

工程上通常将常温、静载下伸长率大于 5% 的金属材料称为塑性材料，如低碳钢；而将伸长率小于 5% 的金属材料称为脆性材料，如灰口铸铁等。

3. 硬度

硬度是指材料局部抵抗硬物压入其表面的能力，是衡量材料软硬程度的指标。

硬度是由硬度计测试出来的。常用的硬度标准有布氏硬度（HB）、洛氏硬度（HR）、维氏硬度（HV），这三种硬度标准有不同的测试方法和应用范围，如表 1-13 所示。

表 1-13　三种硬度试验简介和比较

类别	测试方法	应用范围	试验原理图示
布氏硬度（HB）	用一定大小的试验力 F 把直径为 D 的淬火钢球或硬质合金球压入被测金属的表面，保持规定时间后卸除试验力，用读数显微镜测出压痕平均直径 d，然后按公式求出布氏硬度 HB 值，或者根据 d 从已备好的布氏硬度表中查出 HB 值	布氏硬度测量法适用于铸铁、非铁合金、各种退火及调质的钢材，不宜测定太硬、太小、太薄的工件	

续表

类别	测试方法	应用范围	试验原理图示
洛氏硬度 (HR)	洛氏硬度 (HR) 试验方法是用一个顶角为120°的金刚石圆锥体或者直径为1.59mm或3.18mm的钢球,在一定载荷下压入被测材料表面,由压痕深度求出材料的硬度。根据实验材料硬度的不同,可用三种不同标度来表示:HRA、HRB、HRC	当被测样品过小或者布氏硬度 (HB) 大于450时	
维氏硬度 (HV)	以49.03~980.7N的负荷将相对面夹角为138°的方锥形金刚石压入材料表面,保持规定时间后,测量压痕对角线长度,再按公式来计算硬度的大小。维氏硬度还有小负荷维氏硬度和显微维氏硬度	适用于较大工件和较深表面层的硬度测定。还适用于较薄工件、工具表面或镀层的硬度测定	

4. 韧性

金属材料抵抗冲击载荷作用而不被破坏的能力称为韧性。韧性越好,则发生脆性断裂的可能性越小。

通常以冲击强度的大小、晶状断面率来衡量。一般采用冲击试验,即用一定尺寸和形状的金属试样在规定类型的冲击试验机上承受冲击载荷而折断时,断口上单位横截面积上所消耗的冲击功,称为冲击韧度或冲击值,常用 a_k 表示,其单位为 J/cm^2。a_k 值越大,冲击韧度越高。

5. 疲劳强度

金属材料在无限多次交变载荷作用下而不被破坏的最大应力称为疲劳强度或疲劳极限。一般试验时规定,钢在经受 10^7 次、有色金属材料经受 10^8 次交变载荷作用时不产生断裂的最大应力称为疲劳强度。当施加点的交变应力是对称循环变化时,所得的疲劳强度用 σ_{-1} 表示。

6. 拉伸(压缩)力学性能

材料的力学性能是指材料在外力的作用下其强度和变形方面所表现出的性能,它是强度计算和选用材料的重要依据。本任务只介绍常用材料在常温(指室温)静载(加载速度缓慢平稳)情况下,拉伸和压缩试验中体现的机械性质。

在进行拉伸试验前,先将材料加工成符合国家标准(例如,GB 228-2002《金属材料室温拉伸试验方法》)的试样。为了避开试样两端受力部分对测试结果的影响,试验前先在试样的中间等直部分上画两条横线(见图1-3),当试样受力时,横线之间的一段杆中任何横截面上的应力均相等,这一段即为杆的工作段,其长度称为标距。在试验时就量测工作段的变形。常用的试样有圆截面和矩形截面两种。为了能比较不同粗细的试样在拉断后工作段的变形程度,通常对圆截面标准试样的标距长度l与其横截面直径d的比例加以规定。矩形截面标准试样,则规定其标距长度l与横截面面积A的比例。常用的标准比例有两种,即:

$$l = 10d \text{ 和 } l = 5d \text{ (对圆截面试样)}$$

或 l = 11.3 和 l = 5.65（对矩形截面试样）

压缩试样通常用圆形截面或正方形截面的短柱体（见图 1-4），其长度 l 与横截面直径 d 或边长 b 的比值一般规定为 1~3，这样才能避免试样在试验过程中被压弯。

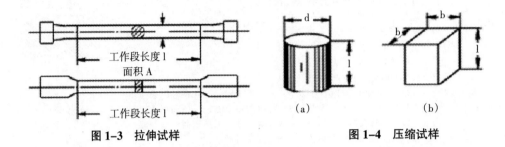

图 1-3　拉伸试样　　　　　　　　　　图 1-4　压缩试样

拉伸和压缩时材料的力学性能是通过试验获得的，拉伸或压缩试验时使用的设备是多功能万能试验机。

（1）低碳钢拉伸时的力学性能。低碳钢是工程中使用最广泛的材料之一，同时，低碳钢试样在拉伸试验中所表现出的变形与抗力之间的关系也比较典型。

如图 1-5 所示为低碳钢的应力—应变曲线，代表材料的力学性质。由曲线图可见，低碳钢在整个拉伸试验过程中大致可分为四个阶段。

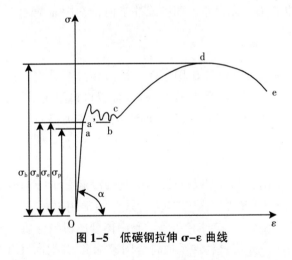

图 1-5　低碳钢拉伸 σ-ε 曲线

1）弹性阶段（图 1-5 中的 Oa' 段）。这一阶段试样的变形完全是弹性的，全部卸除荷载后，试样将恢复其原长，这一阶段称为弹性阶段。

这一阶段曲线有两个特点：一是 Oa 段是一条直线，它表明在这段范围内，应力与应变成正比，即：

$$\sigma = E\varepsilon$$

比例系数 E 即为弹性模量，在图 1-5 中，$E = \tan\alpha$。此式所表明的关系即胡克定律。成正比关系的最高点 a 所对应的应力值，称为比例极限，Oa 段称为线性弹性区。低碳钢的 200MPa。

二是 aa' 段为非直线段，它表明应力与应变呈非线性关系。试验表明，只要应力不超过 a' 点所对应的应力 σ_e，其变形是完全弹性的，称 σ_e 为弹性极限，其值与 σ_p 接近，所以在应用上，对比例极限和弹性极限不作严格区别。

2）屈服阶段。在应力超过弹性极限后，试样的伸长急剧地增加，而万能试验机的荷载读数却在很小的范围内波动，即试样的荷载基本不变而试样却不断伸长，好像材料暂时失去了抵抗变形的能力，这种现象称为屈服，这一阶段则称为屈服阶段。

在屈服阶段内，称最高点 c 为上屈服点，称最低点 b 为下屈服点。下屈服点所对应的应力 σ_s，称为屈服强度或屈服极限。低碳钢的 $\sigma_s \approx 240$MPa。

屈服阶段出现的变形，是不可恢复的塑性变形。在工程应用中，零部件都不允许发生过大的塑性变形。当其应力达到材料的屈服极限时，便认为已丧失正常的工作能力。所以屈服极限 σ_s 是衡量塑性材料强度的重要指标。

3）强化阶段。试样经过屈服阶段后，材料的内部结构得到了重新调整。在此过程中材料不断发生强化，试样中的抗力不断增长，材料抵抗变形的能力有所提高，表现为变形曲线自 c 点开始又继续上升，直到最高点 d 为止，这一现象称为强化，这一阶段称为强化阶段。其最高点 d 对应的应力 σ_b，称为强度极限。低碳钢的 $\sigma_b \approx 400$MPa。

对于低碳钢来讲，屈服极限 σ_s 和强度极限 σ_b 是衡量材料强度的两个重要指标。

4）局部变形阶段。试样自 d 点开始，到 e 点断裂时为止，变形将集中在试样的某一较薄弱的区域内，该处的横截面面积显著地收缩，出现"颈缩"现象，如图 1-6 所示。在试样继续变形的过程中，由于"颈缩"部分的横截面面积急剧缩小，所以荷载读数（即试样的抗力）反而降低。

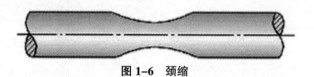

图 1-6 颈缩

为了衡量材料的塑性性能，通常以试样拉断后的标距长度 l_1 与其原长 l 之差除以 l 的比值（表示成百分数）来表示，称为延伸率。此值的大小表示材料在拉断前能发生的最大塑性变形程度，是衡量材料塑性的一个重要指标。工程上一般认为 $\delta \geqslant 5\%$ 的材料为塑性材料，$\delta < 5\%$ 的材料为脆性材料。

（2）其他金属材料在拉伸时的力学性能。对于其他金属材料，$\sigma-\varepsilon$ 曲线并不都像低碳钢那样具备四个阶段。如图 1-7 所示为另外几种典型的金属材料在拉伸时的 $\sigma-\varepsilon$ 曲线。可以看出，这些材料的共同特点是延伸率均较大，它们和低碳钢一样都属于塑性材料。但是有些材料（如铝合金）没有明显的屈服阶段，取塑性应变为 0.2% 时所对应的应力值作为名义屈服极限，以 $\sigma_{0.2}$ 表示（见图 1-8）。确定 $\sigma_{0.2}$ 的方法是：在轴上取 0.2% 的点，过此点作平行于 $\sigma-\varepsilon$ 曲线的直线段的直线（斜率亦为 E），与 $\sigma-\varepsilon$ 曲线相交的点所对应的应力即为 $\sigma_{0.2}$。

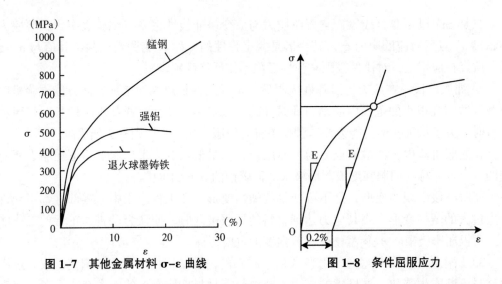

图 1-7　其他金属材料 σ-ε 曲线　　　　　图 1-8　条件屈服应力

有些材料，如铸铁、陶瓷等发生断裂前没有明显的塑性变形，这类材料称为脆性材料。在工程计算中，通常取总应变为 0.1% 时 σ-ε 曲线的割线（图 1-9 中的虚线）斜率来确定其弹性模量，称为割线弹性模量。衡量脆性材料拉伸强度的唯一指标是材料的拉伸强度 σ_b。

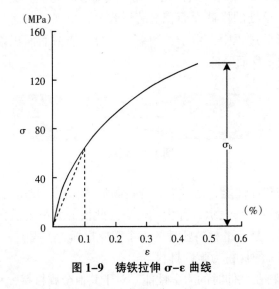

图 1-9　铸铁拉伸 σ-ε 曲线

（3）金属材料在压缩时的力学性能。如图 1-10 所示实线为低碳钢在压缩时的 σ-ε 曲线。可以看出，低碳钢在压缩时的弹性模量、弹性极限和屈服极限等与拉伸时基本相同，但过了屈服极限后，曲线逐渐上升。

多数金属都有类似低碳钢的性质，所以塑性材料压缩时，在屈服阶段以前的特征值，都可用拉伸时的特征值，只是把拉换成压而已。但也有一些金属，例如铬钼硅钢，在拉伸和压缩时的屈服极限并不相同，因此，对这些材料需要做压缩试验，以确定其压缩屈服极限。

塑性材料的试样在压缩后的变形如图 1-11 所示。试样的两端面由于受到摩擦力的影响，变形后呈鼓状。

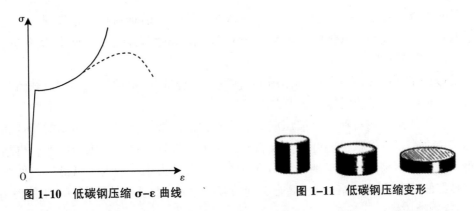

图 1-10　低碳钢压缩 σ-ε 曲线　　　　　图 1-11　低碳钢压缩变形

与塑性材料不同，脆性材料在拉伸和压缩时的力学性能有较大的区别。如图 1-12 所示，绘出了铸铁在拉伸（虚线）和压缩（实线）时的 σ-ε 曲线，比较这两条曲线可以看出：①无论拉伸还是压缩，铸铁的 σ-ε 曲线都没有明显的直线阶段，所以应力—应变关系只是近似地符合胡克定律；②铸铁在压缩时无论强度还是延伸率都比在拉伸时要大得多，因此这种材料宜用作受压构件。

铸铁试样受压破坏的情形如图 1-13 所示，其破坏面与轴线大致成 35°~40°倾角。

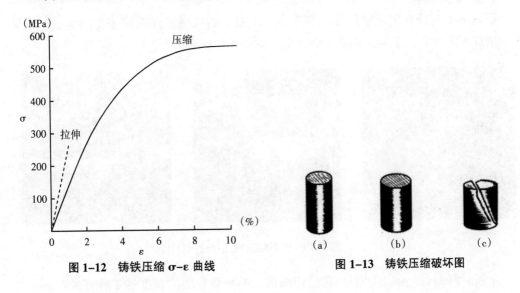

图 1-12　铸铁压缩 σ-ε 曲线　　　　　图 1-13　铸铁压缩破坏图

三、工艺性能

金属材料的工艺性能是指金属材料加工成型为合格零件的难易程度，主要包括：铸造性能、锻造性能、焊接性能和切削性能。工艺性能直接影响到零件制造工艺，是选材和制定零件工艺路线必须考虑的因素之一。

（一）铸造性能

铸造是熔化金属浇入铸型，凝固后获得一定形状、尺寸、成分、组织和性能的铸件的成型方法。

铸造性能是指反映金属材料熔化浇铸成为合格铸件的难易程度，表现为熔化状态时的流动性、吸气性、氧化性、熔点，铸件显微组织的均匀性、致密性以及冷缩率等。

（二）锻造性能

锻造是指在锻压设备及模具作用下，使坯料或铸锭产生塑性变形，以获得一定几何尺寸、形状和质量的锻件的加工方法。

锻造性能是金属材料进行锻压成型的难易程度。锻造性能常用金属的塑性和变形抗力来综合衡量。锻造性能好的金属材料，不但塑性好，可锻温度范围宽，再结晶温度低，变形时不易产生加工硬化，而且所需的变形外力小。如中、低碳钢，低合金等都有良好的锻造性能，高碳钢、高合金钢的锻造性能较差，而铸铁则根本不能锻造。

（三）焊接性能

金属的焊接性能又可称为可焊性，是指金属在一定焊接工艺条件下获得优质焊接接头的难易程度。对于易氧化、吸气性强、导热性好（或差）、膨胀系数大、塑性低的材料，一般可焊性差。可焊性好的金属材料，在焊缝内不易产生裂纹、气孔、夹渣等缺陷，同时焊接接头强度高。如低碳钢具有良好的可焊性，而铸铁、高碳钢、高合金钢、铝合金等材料的可焊性则较差。

（四）切削性能

切削加工是最常用的零件加工方法，几乎 80% 的机械零件都需要切削加工，常见的切削加工方式有：车削、铣削、磨削等。如图 1-14 所示。

　　　　(a)　　　　　　　　　　(b)　　　　　　　　　　(c)

图 1-14　常见切削加工方法

金属材料的切削加工性是指它被切削加工的难易程度。切削加工性好的材料，切削时消耗的能量少，刀具寿命长，易于保证加工表面的质量，切屑易于折断和脱落。金属材料的切削加工性与它的强度、硬度、塑性、导热性等有关。如灰口铸铁、铜合金及铝合金等均有较好的切削加工性，而高碳钢的切削性能则较差。

【知识应用】

自行车是常用的交通工具，如图 1-15(a) 所示的老式自行车都是用管材焊接而成的；现在使用最多的是图 1-15(b) 所示的轻便自行车，为了强度和美观，还需要对管材进行弯曲成型加工；图 1-15(c) 所示的赛车则是为高速行驶设计的。试分析这三款自行车在选材方面各有哪些性能要求。

(a)　　　　　　　　　　(b)　　　　　　　　　　(c)

图 1-15　材料应用举例

任务 3　金属材料的金相结构

【学习目标】

掌握金属的晶体结构；

掌握纯金属结晶的基本规律。

【学习重点和难点】

金属的晶体结构；

金属晶体结构的缺陷；

纯金属的冷却曲线和过冷现象；

纯金属的结晶过程。

【任务导入】

不同的金属材料具有不同的力学性能，同一种金属材料，在不同的条件下其力学性能也是不同的。金属性能的这些差异，完全是由金属内部的组织结构所决定的。因此，研究金属的晶体结构及其变化规律，是了解金属性能，正确选用金属材料，合理确定加工方法的基础。

【相关知识】

一、金属的晶体结构

（一）晶体结构的基本知识

从物理学中知道，固态物体可分为晶体和非晶体，晶体是内部原子呈规则排列的物质。固态金属和合金都属于晶体。研究金属的晶体结构就是讨论金属内部原子排列的规律。

1. 晶格

实际晶体的原子都是在不停地运动，但是在讨论晶体结构时，为了简化对问题的分析，把构成晶体的原子看成是一个个固定的小球，金属晶体就是由这些小球有规律地堆积而成的，如图1-16所示。

为了清楚地表示晶体中原子排列的规律，可以将原子简化成一个点，用假想的线将这些点连接起来，构成有明显规律性的空间格架。这种表示原子在晶体中排列规律的几何空间格架叫作晶格，如图1-17(a)所示。

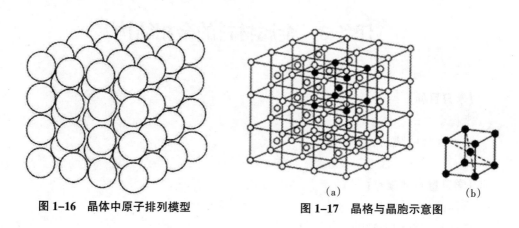

图1-16　晶体中原子排列模型	图1-17　晶格与晶胞示意图
	(a)　　　　　　　(b)

2. 晶胞

由于晶体中原子排列具有周期性，因此为了简便起见，通常只从晶格中选取一个能够完全反映晶格特征的、最小的几何单元，称为晶胞，如图1-17(b)所示。不难看出，整个晶格实际上是由许多大小、形状和位向相同的晶胞在空间重复堆砌而成的。

3. 晶格常数

晶胞的大小和形状用其三棱边长 a、b、c 和各棱边间夹角 α、β、γ 来表示，如图1-18所示。其中各棱边长 a、b、c 称为晶格常数。

（二）常见金属的晶体结构

不同的金属具有不同的晶体结构。研究表明，工业上使用的几十种金属元素中，除少数具有复杂的晶体结构外，绝大多数都具有比较简单的晶体结构。其中最常见的晶体结构有三种类型，即体心立方晶格、面心立方晶格、密排立方晶格。

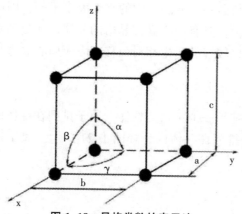

图 1-18　晶格常数的表示法

1. 体心立方晶格

体心立方晶格的晶胞模型如图 1-19 所示。晶胞的三个棱边长度相等，三棱边夹角均为 90°，构成立方体。除了在晶胞的八个角上各有一个原子外，在立方体的中心还有一个原子。具有体心立方结构的金属有 Cr、V、Nb、Mo、W 等 30 多种。

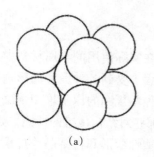 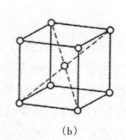 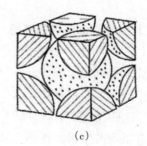

（a）　　　　　　　　（b）　　　　　　　　（c）

图 1-19　体心立方晶胞

2. 面心立方晶格

面心立方晶格的晶胞如图 1-20 所示。在晶胞的八个角上各有一个原子，构成立方体，在立方体六个面的中心各有一个原子。Cu、Ni、Al、Ag 等约 20 种金属具有这种晶体结构。

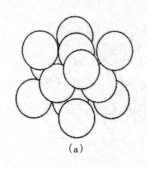 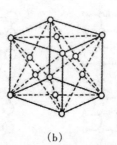 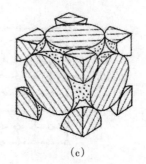

（a）　　　　　　　　（b）　　　　　　　　（c）

图 1-20　面心立方晶胞

由于体心立方晶格与面心立方晶格中的空隙大小不同，因而两种晶格的溶碳能力有明显的差别。塑性方面，具有面心立方晶格的晶体，在受到外力作用时，在原子排列密度最大的晶面上，比较容易产生相对位移，因而面心立方晶格的塑性比体心立方晶格要好。

3. 密排立方晶格

密排立方晶格的晶胞是一个正六棱柱体，原子排列在柱体的每个顶角和上下底面的中心，另外三个原子排列在柱体内，如图 1-21 所示。属于这种晶格类型的金属有 Mg、Be、Zn 等。

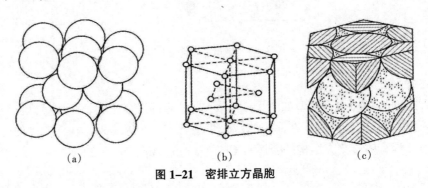

(a)   (b)   (c)

图 1-21　密排立方晶胞

(三) 金属晶体结构的缺陷

以上讨论的晶体结构是理想状态下的晶体结构，在实际使用的金属材料中，由于加进了其他种类的原子，以及材料在冶炼后的结晶过程中受到各种因素的影响，使本来有规律的原子堆积方式受到干扰，晶体中出现的各种不规则的原子堆积现象称为晶体缺陷。这些晶体缺陷对金属及合金的性能，特别是那些对结构敏感的性能，如强度、塑性、电阻等产生很大影响，而且还在扩散、相变、塑性变形和再结晶等过程中扮演着重要角色。由此可见，研究晶体的缺陷具有重要的实际意义。

根据晶体缺陷的几何相态特征，可以将它们分为以下三类。

1. 点缺陷

点缺陷的特征是三个方向上的尺寸都很小，相当于原子的尺寸。常见的点缺陷有三种，即空位、间隙原子和置换原子，如图 1-22 所示。

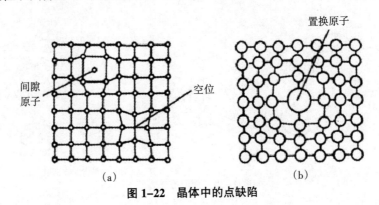

(a)   (b)

图 1-22　晶体中的点缺陷

若晶格节点应该有原子的地方没有原子，就会出现"空洞"，这种原子堆积上的缺陷叫作空位；在晶格的某些空隙处出现多余的原子或挤入外来原子的缺陷叫作间隙原子；异类原子占据晶格的节点位置的缺陷叫作置换原子。

不管是哪类点缺陷，都会造成晶格畸变，这将对金属的性能产生影响，如使屈服强度升高、电阻增大、体积膨胀等。此外，点缺陷的存在，将加速金属中的扩散过程，因而凡与扩散有关系的相变、化学热处理、高温下的塑性变形和断裂等，都与点缺陷的存在有着密切的关系。

2. 线缺陷

线缺陷的特征是在两个方向上的尺寸很小，另一个方向上的尺寸相对很大。晶体中的线缺陷就是各种类型的位错。晶体中某处有一列或若干列原子发生有规律的错排现象叫作位错。虽然位错有多种类型，但其中最简单、最基本的类型有两种，即刃型位错和螺型位错。位错是一种极为重要的晶体缺陷，它对于金属的强度、断裂和塑性变形等起着决定性的作用。

刃型位错的模型如图 1-23 所示。设有一简单立方晶体，某一原子面在晶体内部中断，这个原子平面中断处的边缘就是一个刃型位错，犹如用一把刀将晶体上半部分切开，沿切口硬插入额外半面原子一样，将入口处的原子列称为刃型位错线。

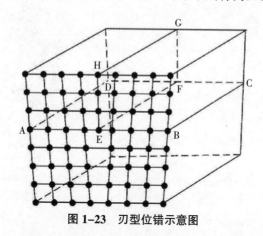

图 1-23　刃型位错示意图

如图 1-24 所示，设想在立方晶体右端施加一切应力，使右端上下两部分沿滑移面 ABCD 发生了一个原子间距的相对切变，于是就出现了已滑移区和未滑移区的边界 BC，BC 就是螺型位错线。由于位错线附近的原子是螺旋形排列的，所以这种位错叫做螺型位错。

3. 面缺陷

面缺陷的特征是在一个方向上尺寸很小，另外两个方向上的尺寸相对很大。面缺陷主要包括晶界和亚晶界等。

实际上，金属多是由大量外形不规则的晶粒组成的多晶体。每个晶粒相当于一个单晶体。所有晶粒结构完全相同，但彼此之间的位向不同，一般相差几度或几十度。晶界处的原子排列是不规则的，这里的原子处于不稳定的状态，如图 1-25 所示。

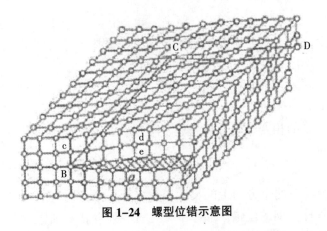

图1-24 螺型位错示意图

实验证明，金属晶体的每一个晶粒内部，其晶格位向也不像理想晶体那样完全一致，而是分隔成许多尺寸很小、位向差很小的小晶块，它们相互嵌镶成一颗晶粒，这小小晶块称为亚晶粒。亚晶粒之间的界面称为亚晶界，亚晶界处的原子排列也是不规则的，如图1-26所示。

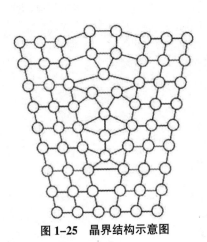

图1-25 晶界结构示意图

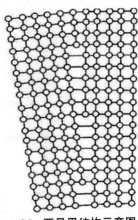

1-26 亚晶界结构示意图

二、金属的结晶

金属由液态转变为固态的过程称为凝固，由于凝固后的固态金属通常是晶体，所以又将这一转变过程称为结晶。一般的金属制品都要经过熔炼和铸造，也就是说要经历由液态转变为固态的结晶过程，金属在焊接时，焊缝中的金属也要发生结晶。金属结晶后所形成的组织，包括各种相的晶粒形状、大小和分布等，将极大地影响到金属的加工性能和使用性能。对于铸件和铸锭来说，结晶过程就从根本上决定了它的使用性能和使用寿命，而对于尚需进一步加工的铸件来说，结晶过程既直接影响它的轧制和锻压工艺性质，又不同程度地影响其制成品的使用性能。因此，研究和控制金属的结晶过程，已成为提高金属力学性能和工艺性能的一个重要手段。

（一）纯金属的冷却曲线和过冷现象

冷却曲线是表明金属冷却温度随时间变化的关系曲线。目前，一般采用热分析法，配合其他分析法来测定金属的冷却曲线，用以研究金属的结晶过程。

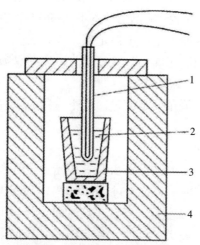

1. 热电偶；2. 金属液；3. 坩埚；4. 电炉

图 1-27　热分析实验装置示意图

图 1-27 是热分析实验装置示意图。将金属置于坩埚中加热熔化成液体，然后缓慢冷却，在冷却过程中，每隔一定时间测定一次温度，然后将实验数据绘制在温度和时间坐标图上，便得到如图 1-28 所示的冷却曲线。

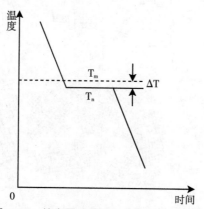

图 1-28　纯金属结晶时的冷却曲线示意图

由图 1-28 可见，液态金属在结晶之前随着冷却时间的增长，由于它的热量向外散失，温度将不断降低。当冷却到某一温度时，温度却并不随时间的增长而下降，在曲线上出现一个平台，这个平台所对应的温度，就是纯金属的结晶温度。出现平台的原因，是由于金属结晶时放出的结晶潜热补偿了冷却时散失的热量，使结晶温度保持不变。平台延续的时间，就是结晶开始到终了的时间。结晶终了之后，由于没有结晶潜热补偿散失的热量，故温度又重新下降。金属冷却曲线的形状与冷却速度等因素有关。

纯金属液体在无限缓慢的冷却条件下结晶的温度称为理论结晶温度，用 T_m 表示，如图 1-28 所示。但实际生产中，金属结晶时的冷却速度是较快的，此时液态金属将在理论结晶温度以下某一温度 T_n 才开始结晶。金属的实际结晶温度 T_n 低于理论结晶温度 T_m 的现象，称为过冷现象。理论结晶温度与实际结晶温度之差，称为过冷度。

研究表明，金属的过冷度不是一个恒定值，而是受金属中杂质、冷却速度等因素的影响而变化的。金属的纯度越高，过冷度越大。同一金属冷却速度越大，过冷度也越大，即金属的实际结晶温度越低。

总之，金属的结晶，必须在一定的过冷度下进行，不过冷就不可能结晶。过冷是结晶的必要条件。

(二) 纯金属的结晶过程

实验研究表明，液态金属的结晶是由晶核不断形成和长大这两个基本过程所组成的。小体积液态金属的晶核形成和长大过程可用图 1-29 结晶过程示意图表示。当金属液体的温度过冷到实际结晶温度后，经过一定时间，开始出现第一批晶核。随着时间的推移，在第一批晶核不断长大的同时，又有新的晶核形成并逐渐长大。就这样，晶核形成和晶核长大的过程不断进行下去，直到所有生长的小晶体彼此相遇，液态金属耗尽为止。

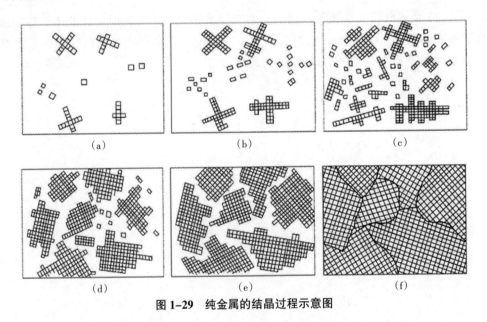

图 1-29　纯金属的结晶过程示意图

由一个晶核长成的晶体，就是一个晶粒。由于各个晶核是随机形成的，其位向各不相同，所以各晶粒的位向也不相同，这样就形成一块多晶体金属。如果在结晶过程中只有一个晶核形成并长大，那么就形成一块单晶体金属。

【知识应用】

常见金属的晶格类型有哪些？试绘图说明其特征。

任务 4　热处理

【学习目标】

掌握热处理的概念；

熟悉热处理方法的分类；

了解各种热处理方法的原理及应用。

【学习重点和难点】

各种热处理方法的原理及应用；

热处理方法的选择。

【任务导入】

为使金属工件具有所需要的力学性能、物理性能和化学性能，除合理选用材料和各种成形工艺外，热处理工艺往往是必不可少的。钢铁是机械工业中应用最广的材料，钢铁显微组织复杂，可以通过热处理予以控制，所以钢铁的热处理是金属热处理的主要内容。另外，铝、铜、镁、钛等及其合金也都可以通过热处理改变其力学、物理和化学性能，以获得不同的使用性能。

【相关知识】

金属热处理是将金属工件放在一定的介质中加热到适宜的温度，并在此温度中保持一定时间后，又以不同速度冷却的一种工艺方法。

金属热处理工艺大体可分为整体热处理、表面热处理和化学热处理三大类。根据加热介质、加热温度和冷却方法的不同，每一大类又可区分为若干不同的热处理工艺。同一种金属采用不同的热处理工艺，可获得不同的组织，从而具有不同的性能。

一、整体热处理

整体热处理是对工件整体加热，然后以适当的速度冷却，获得需要的金相组织，以改变其整体力学性能的金属热处理工艺。钢铁整体热处理大致有正火、退火、淬火和回火等基本工艺。

（一）正火

正火是指将钢加热到 Ac3（对于亚共析钢）或 Acm（对过共析钢）以上约 30℃~50℃，保持适当时间后在空气中均匀冷却的热处理工艺。

正火的目的是提高低碳钢的力学性能，改善切削加工性，细化晶粒，消除组织缺陷，为后道热处理做好准备。

正火具有以下几方面的应用：

（1）含碳量≤0.25%经正火后硬度提高，改善了切削加工性能；

（2）消除过共析钢中的二次渗碳体；

（3）作为重要零件的预备热处理；

（4）作为普通结构零件的最终热处理。

（二）退火

退火是将工件加热到适当温度，根据材料和工件尺寸采用不同的保温时间，然后进行缓慢冷却的热处理工艺。

退火的目的是使金属内部组织达到或接近平衡状态，获得良好的工艺性能和使用性能，或者为进一步淬火做组织准备。例如，锻造过的锤头毛坯往往硬度较高，需要经过退火才能上铣床加工。

（三）淬火

淬火是将工件加热保温后，在水、油或其他无机盐、有机水溶液等淬冷介质中快速冷却的热处理工艺。

淬火的目的是提高工件的硬度、强度和耐磨性，为下道热处理做好组织准备。例如，重载场合的齿轮需要很高的硬度和耐磨性，可通过淬火来实现。

淬火工艺有两个概念应加以重视和区别，一是淬硬性；二是淬透性。淬硬性是指钢经淬火后能达到的最高精度，主要取决于钢中碳含量，碳含量愈高，获得的硬度愈高；淬透性是指钢经淬火后的淬硬层深度的能力，淬透性愈好，淬硬层愈厚。淬透性主要取决于钢的化学成分和淬火冷却方式。一般来说，含碳量相同的碳素钢与合金钢的淬硬性没有差别，而合金钢的淬透性高于碳素钢。因此，有些合金钢如高速钢，可以采用空气冷却淬火。

淬火可以提高金属工件的硬度及耐磨性，因而广泛用于各种工、模、量具及要求表面耐磨的零件（如齿轮、轧辊、渗碳零件等）。另外淬火还可以使一些特殊性能的钢获得一定的物理化学性能，如淬火使永磁钢增强其铁磁性、使不锈钢提高其耐蚀性等。

（四）回火

回火是将淬火后的钢件在高于室温而低于650℃的某一适当温度进行长时间的保温，再进行冷却的热处理工艺。

回火的目的是消除钢件在淬火时产生的应力，使工件具有较高的硬度和耐磨性，并具有所需要的塑性和韧性等。如为防止经过淬火的齿轮因内应力太大发生变形或断裂，可以通过回火消除应力。

按回火温度范围，可将回火分为低温、中温、高温回火。

（1）低温回火（150℃~250℃）。低温回火的目的是降低淬火内应力，提高韧性，并保持高硬度和耐磨性。主要用于高碳工具钢和合金钢刃具、量具、滚动轴承、冷作模具和要求硬而耐磨的零件。

（2）中温回火（250℃~500℃）。中温回火的目的是使淬火钢件具有高的弹性极限、屈服强度和适当的韧性。主要用于弹性零件（如弹簧、发条）和热锻模具等。

（3）高温回火（500℃~650℃）。高温回火的目的是获得硬度、强度、韧性、塑性，有较好的综合力学性能。高温回火主要适用于碳素结构钢或低合金结构钢制造的各种零部件。生产中把淬火和高温回火相结合的热处理称为调质。调质处理广泛用于螺栓、连杆、齿轮、曲轴等重要的结构零件。

二、表面热处理

表面热处理是只加热工件表层，以改变其表层力学性能的金属热处理工艺。为了只加热工件表层而不使过多的热量传入工件内部，使用的热源须具有高的能量密度，即在单位面积的工件上给予较大的热能，使工件表层或局部能短时或瞬时达到高温。

表面热处理的主要方法有表面淬火和化学热处理两种。

（一）表面淬火

表面淬火是将钢件的表面层淬透到一定的深度，而芯部仍保持未淬火状态的一种局部淬火的方法。表面淬火时通过快速加热，使钢件表面很快达到淬火的温度，在热量来不及传到工件芯部时就立即冷却，实现局部淬火。表面淬火的目的在于获得高硬度、高耐磨性的表面，而芯部仍然保持原有的良好韧性，常用于齿轮、花键、机床导轨等，如图1-30所示。

(a)　　　　　　　　　　(b)　　　　　　　　　　(c)

图1-30 表面淬火的应用

表面淬火采用的快速加热方法有多种，如电感应、火焰、电接触、激光等，目前应用最广的是电感应加热法，如图1-31所示。

电感应加热表面淬火就是在一个感应线圈中通过一定频率的交流电，使感应线圈周围产生频率相同的交变磁场，置于磁场中的工件就会产生与感应线圈频率相同、方向相反的感应电流，这个电流叫作涡流。由涡流所产生的电阻热使工件表层被迅速加热到淬火温度，随即向工件喷水，将工件表层淬硬。这种处理异常迅速，且硬度高，氧化变形小，操作简单，容易机械化、自动化，适用于大批量生产，如齿面淬火。

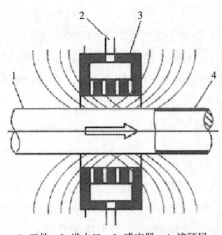

1. 工件；2. 进水口；3. 感应器；4. 淬硬层

图 1-31　感应加热表面淬火示意图

（二）化学热处理

将金属工件放入含有某种活性原子的化学介质中，通过加热使介质中的原子扩散渗入工件一定深度的表层，改变其化学成分和组织并获得与芯部不同性能的热处理工艺叫作化学热处理。

化学热处理包括三个基本过程：①化学渗剂分解为活性原子或离子的分解过程；②活性原子或离子被钢件表面吸收和固溶的吸收过程；③被渗元素原子不断向内部扩散的扩散过程。

根据渗入元素的名称，可将表面化学热处理分为渗碳、渗氮、渗硼、渗铬及碳氮共渗、铬铝共渗等。下面简单介绍渗碳及渗氮热处理方法。

1. 渗碳

渗碳是指使碳原子渗入到钢表面层的过程。也是使低碳钢的工件具有高碳钢的表面层，再经过淬火和低温回火，使工件的表面层具有高硬度和耐磨性，而工件的中心部分仍然保持着低碳钢的韧性和塑性。

渗碳工件的材料一般为低碳钢或低碳合金钢（含碳量小于 0.25%）。渗碳后，钢件表面的化学成分可接近高碳钢。工件渗碳后还要经过淬火，以得到高的表面硬度、耐磨性和疲劳强度，并保持芯部有低碳钢淬火后的强韧性，使工件能承受冲击载荷。渗碳工艺广泛应用于飞机、汽车和拖拉机等的机械零件，如齿轮、轴、凸轮轴等。

2. 渗氮

向金属表面渗入氮元素的工艺称为渗氮，也称为氮化。

通过渗氮，能达到很高的表面硬度和耐磨性，可在较高温度范围内使用；形成很大的表面压应力，致密稳定的氮化物，具有很高的疲劳强度和抗腐蚀性；渗氮温度较低，工件变形小，不用淬火。但渗氮工艺过程较长，成本较高，渗层较薄，脆性大，故不能承受太大的接触应力。钢、钛、钼等难溶金属及其合金常采用渗氮处理。

三、其他表面处理

（一）磷化

磷化是一种化学与电化学反应形成磷酸盐化学转化膜的过程，所形成的磷酸盐转化膜称为磷化膜。磷化的目的主要是：给基体金属提供保护，在一定程度上防止金属被腐蚀；用于涂漆前打底，提高漆膜层的附着力与防腐蚀能力；在金属冷加工工艺中起减摩润滑作用。

（二）抛光

利用柔性抛光工具和磨料颗粒或其他抛光介质对工件表面进行的修饰加工。抛光以得到光滑表面或镜面光泽为目的，有时也用以消除光泽（消光）。通常以抛光轮作为抛光工具。抛光轮一般用多层帆布、毛毡或皮革叠制而成，两侧用金属圆板夹紧，其轮缘涂敷由微粉磨料和油脂等均匀混合而成的抛光剂。

（三）喷丸

喷丸是以压缩空气带动铁丸通过专门工具高速喷射于金属表面，利用铁丸的冲击和摩擦作用，清除金属表面的铁锈及其他污染，并得到有一定粗糙度的、显露金属本色的表面。用喷丸进行表面处理，打击力大，清理效果明显。

【知识应用】

向墙面钉钉子，发现钉子的硬度不够，每次都被打弯也无法钉入墙体。试分析采用何种热处理方法可以解决这个问题。

任务5 材料的选择及运用

【学习目标】

了解常用机械工程材料选择的一般原则；
了解常用机械工程材料选择的一般方法。

【学习重点和难点】

零件选材对材料工艺性能的要求；
零件选材的步骤。

【任务导入】

机械零件的选材是一项十分重要的工作。选材是否恰当，特别是一台机器中关键零件的选材是否恰当，将直接影响到产品的使用性能、使用寿命及制造成本。选材不当，严重的可能导致零件完全失效。

【相关知识】

一、选材的一般原则

判断零件选材是否合理的基本标志是：能否满足必需的使用性能；能否具有良好的工艺性能；能否实现最低成本。选材的任务就是求得三者之间的统一。

（一）零件选材应满足零件工作条件对材料使用性能的要求

材料在使用过程中的表现，即使用性能，是选材时考虑的最主要根据。不同零件所要求的使用性能是很不一样的，有的零件主要要求高强度，有的则要求高的耐磨性，而另外一些甚至无严格的性能要求，仅仅要求有美丽的外观。因此，在选材时，首要的任务就是准确地判断零件所要求的主要使用性能。

对所选材料使用性能的要求，是在对零件的工作条件及零件的失效分析的基础上提出的。零件的工作条件是复杂的，要从受力状态、载荷性质、工作温度、环境介质等几个方面全面分析。受力状态有拉、压、弯、扭等；载荷性质有静载、冲击载荷、交变载荷等；工作温度可分为低温、室温、高温、交变温度；环境介质为与零件接触的介质，如润滑剂、海水、酸、碱、盐等。为了更准确地了解零件的使用性能，还必须分析零件的失效方式，从而找出对零件失效起主要作用的性能指标。表1-14列举了一些常用零件的工作条件、主要失效方式及所要求的主要机械性能指标。

有时，通过改进强化方式或方法，可以将廉价材料制成性能更好的零件。所以选材时，要把材料成分和强化手段紧密结合起来综合考虑。另外，当材料进行预选后，还应当进行实验室试验、台架试验、装机试验、小批生产等，进一步验证材料机械性能选择的可靠性。

表1-14 一些常用零件的工作条件、主要失效方式及所要求的主要机械性能指标

零件名称	工作条件	主要失效方式	主要机械性能指标
重要螺栓	交变拉应力	过量塑性变形或由疲劳而造成破断	屈服强度，疲劳强度，HB
重要传动齿轮	交变弯曲应力，交变接触压应力，齿表面受带滑动的滚动摩擦和冲击载荷	齿的折断，过度磨损或出现疲劳麻点	抗弯强度，疲劳强度，接触疲劳强度，HRC
曲轴、轴类	交变弯曲应力，扭转应力，冲击载荷，磨损	疲劳破断，过度磨损	屈服强度，疲劳强度，HRC
弹簧	交变应力，振动	弹力丧失或疲劳破断	弹性极限，屈强比，疲劳强度
滚动轴承	点或线接触下的交变压应力，滚动摩擦	过度磨损破坏，疲劳破断	抗压强度，疲劳强度，HRC

（二）零件选材应满足生产工艺对材料工艺性能的要求

任何零件都是由不同的工程材料通过一定的加工工艺制造出来的。因此材料的工艺性能，即加工成零件的难易程度，自然应是选材时必须考虑的重要问题。所以，熟悉材料的加工工艺过程及材料的工艺性能，对于正确选材是相当重要的。材料的工艺性能包括以下内容：

（1）铸造性能：包含流动性、收缩性、疏松及偏析倾向、吸气性、熔点高低等。

（2）压力加工性能：指材料的塑性和变形抗力等。冷变形性能好的标志是成型性良好、加工表面质量高，不易产生裂纹；而热变形性能好的标志是接受热变形的能力好，抗氧化性高，可变形的温度范围大及热脆倾向小等。

（3）焊接性能：包括焊接应力、变形及晶粒粗化倾向，焊缝脆性、裂纹、气孔及其他缺陷倾向等。衡量材料焊接性能的优劣是以焊缝区强度不低于基体金属和不产生裂纹为标志。

（4）切削加工性能：指切削抗力、零件表面光洁度、排除切屑难易程度及刀具磨损量等。

（5）热处理性能：指材料的热敏感性、氧化、脱碳倾向、淬透性、回火脆性、淬火变形和开裂倾向等。

与使用性能的要求相比，工艺性能处于次要地位；但在某些情况下，工艺性能也可成为考虑的主要因素。当工艺性能和机械性能相矛盾时，有时正是出于工艺性能的考虑使得某些机械性能显然合格的材料不得不被舍弃，此点对于大批量生产的零件特别重要。因为在大批量生产时，工艺周期的长短和加工费用的高低，常常是生产的关键。例如，为了提高生产效率，而采用自动机床进行大量生产时，零件的切削性能可成为选材时考虑的主要问题。此时，应选用易切削钢之类的材料，尽管它的某些性能并不是最好的。

（三）零件的选材应力求使零件生产的总成本最低

除了使用性能与工艺性能外，经济性也是选材必须考虑的重要问题。选材的经济性不单是指选用的材料本身价格应便宜，更重要的是采用所选材料来制造零件时，可使产品的总成本降至最低，同时所选材料应符合国家的资源情况和供应情况等。

（1）材料的价格。不同材料的价格差异很大，而且在不断变动，因此，设计人员应对材料的市场价格有所了解，以便于核算产品的制造成本。

（2）国家的资源状况。随着工业的发展，资源和能源的问题日益突出，选用材料时必须对此有所考虑，特别是对于大批量生产的零件，所用的材料应该是来源丰富并符合我国的资源状况的。例如，我国缺钼但钨却十分丰富，所以我们选用高速钢时就要尽量多用钨高速钢，而少用钼高速钢。另外，还要注意生产所用材料的能源消耗，尽量选用耗能低的材料。

（3）零件的总成本。由于生产经济性的要求，选用材料时零件的总成本应降至最低。选材从几个方面影响零件的总成本 T，包括材料的价格 m，零件的自重 w，零件的寿命 l、零件的加工费用 p、试验研究费（为采用新材料所必须进行的研究与试验费）r 及维修费 a 等。

如果准确地知道了零件总成本与上述各因素（l，w，r……）的关系，则可以精确地分析选材对零件总成本的影响，并选取使左端为极小值的材料。但是，只有在大规模工业生产中预先进行详尽的试验分析，才能找出这种关系。对于一般情况，显然不可能进行这种详细的分析、试验，但这时也应该按照上述思路，利用手头一切可能得到的资料，逐项地进行分析，以保证零件的总成本最低。最有价值的是生产及使用情况的统计资料。由各种统计图表，加上过去的工程经验，便可以作出较为合理的判断，必要时还可以专门进行模型试验。

（四）零件的选材应考虑产品的实用性和市场需求

判断某项产品或某种机械零件的优劣，不仅要看能否符合工作条件的使用要求；从商品的销售和用户的愿望考虑，产品还应当具有重量轻、美观、经久耐用等特点。这就要求在选材时，应突破传统观点的束缚，尽量采用先进科学技术成果，做到在结构设计方面有创新、有特色，在材料制造工艺和强化工艺上有改革、有先进性。

（五）零件的选材应考虑实现现代生产组织的可能性

一个产品或一个零件的制造，是采用手工操作还是机器操作，是采用单件生产还是采用机械化自动流水作业，这些因素都对产品的成本和质量起着重要的作用。因此，在选材时，应该考虑到所选材料能否满足实现现代化生产的可能性。

二、选材的一般方法

材料的选择是一个比较复杂的决策问题，目前还没有一种确定选材最佳方案的精确方法。它需要设计者熟悉零件的工作条件和失效形式，掌握有关的工程材料的理论及应用知识、机械加工工艺知识以及较丰富的生产实际经验。通过具体分析，进行必要的试验和选材方案对比，最后确定合理的选材方案。对于成熟产品中相同类型的零件、通用和简单零件，则大多数采用经验类比法来选择材料。另外，零件的选择一般需借助国家标准、部颁标准和有关手册。

选材一般可分为以下几个步骤：

（1）对零件的工作特性和使用条件进行周密的分析，找出主要的失效方式，从而恰当地提出主要抗力指标。

（2）根据工作条件需要和分析，对该零件的设计制造提出必要的技术条件。

（3）根据所提出的技术条件要求和工艺性、经济性方面的考虑，对材料进行预选择。材料的预选择通常是凭积累的经验，通过与类似的机器零件的比较和已有实践经验的判断，或者通过各种材料选用手册来进行选择。

（4）对预选方案材料进行计算，以确定其是否能满足上述工作条件要求。

（5）材料的二次（或最终）选择。二次选择方案也不一定只是一种方案，也可以是若干种方案。

（6）通过实验室试验、台架试验和工艺性能试验，最终确定合理的选材方案。

（7）最后，在中、小型生产的基础上，接受生产考验，以检验选材方案的合理性。

【知识应用】

仔细观察图1-32，在汽车制造过程中，生产不同零部件会选择不同的材料，试思考：

（1）常用工程材料有哪些？

（2）如何根据零件工作要求选用材料？

图 1-32 汽车主要零件应用材料

复习与思考题

1-1. 解释下列材料牌号。

08F、45、65Mn、T12A、ZG340-640、20CrMnTi、50CrVA、9SiCr、CrWMn、HT250、KTH350-10、KTZ500-04。

1-2. 金属材料的力学性能有哪些？

1-3. 什么是黑色金属材料？常见的黑色金属材料有哪些分类？

1-4. 碳素工具钢的含碳量对力学性能有何影响？如何选用？

1-5. 什么是合金钢？为什么合金元素能提高钢的强度？

1-6. 为什么灰口铸铁的强度、塑性和韧性远不如钢？

1-7. 为什么球墨铸铁的力学性能比灰口铸铁和可锻铸铁高？

1-8. 什么是黄铜？增加元素锌对黄铜的力学性能有何影响？

1-9. 滑动轴承合金应具备哪些性能？

1-10. 金属晶格的常见类型有哪些？

1-11. 金属晶格结构缺陷有哪几种？它们对金属的力学性能有何影响？

1-12. 什么是退火？退火的目的是什么？

1-13. 什么是正火？正火有哪些应用？

1-14. 什么是回火？钢淬火后为什么要回火？

1-15. 材料选择的一般原则是什么？

项目二　工程力学

工程力学作为力学的一个分支，是 20 世纪 50 年代末出现的。首先提出这一名称并对这个学科做了开创性工作的是我国的科学家钱学森。

工程力学涉及众多的力学学科分支，广泛应用于工程技术领域，是一门理论性较强、与工程技术联系极为密切的技术基础学科，工程力学的定理、定律和结论广泛应用于各行各业的工程技术中，是解决工程实际问题的重要基础。其最基础的部分包括"静力学"和"材料力学"。其中静力学研究的是构件的受力和平衡规律，而材料力学研究的是构件在外力作用下的变形和失效规律，并为设计既经济又安全的构件提供必要的理论基础和简单实用的计算方法。本项目将对静力学和材料力学重点内容进行介绍。

任务1　力、力矩、力偶

【学习目标】

掌握力的概念；

熟悉力的基本性质；

了解力矩、力偶的概念。

【学习重点和难点】

力的概念及基本性质；

静力学基本公理及其推论。

【任务导入】

静力学是研究物体在力系作用下平衡规律的科学。物体的平衡一般是指物体相对于地面静止或者做匀速直线运动。静力学主要解决两类问题：一是将作用在物体上的力系进行简化，即用一个简单的力系等效地替换一个复杂的力系；二是建立物体在各种力系下的平衡条件，并借此对物体进行受力分析。静力学在工程技术中具有重要的实用意义。

【相关知识】

一、静力学基本概念

(一) 力的概念

力是物体间的相互机械作用。力的三要素为力的大小、方向和作用点。

力是一个既有大小又有方向的量，是矢量。我们常用一根带箭头的线段表示力的三要素，如图 2-1、图 2-2 所示。力的单位是牛顿，简称"牛"，符号为"N"。

力的作用效果：可以使物体的运动状态发生改变，这种效应称为力的外效应，如图 2-1 所示；也可以使物体的形状发生改变，这种效应称为力的内效应，如图 2-2 所示。

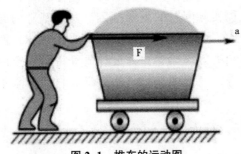

图 2-1　推车的运动图

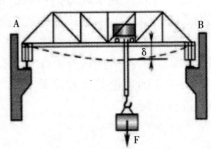

图 2-2　吊车梁的变形

(二) 力系

力系是指作用于物体上的一组力。若物体在力系的作用下处于平衡状态，这种力称为平衡力系。平衡力系所满足的条件称为平衡条件。

(三) 刚体

刚体是指受力作用后不变形的物体，是静力学中对一些工程构件进行抽象化后的理想的力学模型。实践证明，在静力学中把所研究的物体抽象为刚体，可以使实际工程问题大大简化，而且计算结果也足够精确。应注意，能否将物体抽象为刚体应视解决问题的性质而定。即刚体的应用是有范围和条件的，在静力学范围内，物体可视为刚体。

二、力的基本性质（静力学公理）

(一) 公理一：二力平衡公理

作用于刚体上的两个力，使刚体平衡的必要与充分条件是：这两个力大小相等、方向相反、沿同一条直线，如图 2-3 所示。此公理提供了一种最简单的平衡力系。对于刚体，此条件是充要条件，但对变形体只是必要条件而不是充分条件，如图 2-4 所示。

只受两个力作用而平衡的构件，叫二力构件。二力构件受力的特点是：两个力的作用线必沿其作用点的连线。

只受两个力作用而平衡的直杆，叫二力杆。

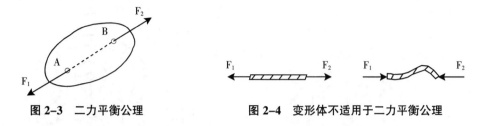

图 2-3　二力平衡公理　　　　　图 2-4　变形体不适用于二力平衡公理

（二）公理二：加减平衡力系公理

在作用于已知力系的刚体上，加上或减去任意的平衡力系，并不改变原力系对刚体的作用效果，如图 2-5 所示。

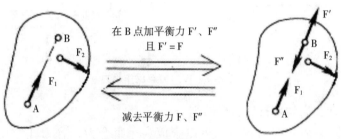

图 2-5　加减平衡力系公理

（三）推论一：力的可传性原理

作用于刚体上某点的力，可以沿其作用线任意一点移动，而不会改变该力对刚体的作用效果。

如图 2-6 所示，用力 F 在 A 点推小车，与用力 F_1（=F）在 B 点拉小车，两者的作用效果是相同的。注意：这个推论只适用于刚体而不适用于变形体。

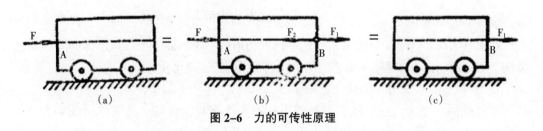

图 2-6　力的可传性原理

（四）公理三：作用力与反作用力公理（牛顿第三定律）

两个物体间的作用力与反作用力总是成对出现，且大小相等，方向相反，沿着同一直线，但分别作用在这两个物体上。

如图 2-7 所示，$\vec{F}_{N1}$ 与 $\vec{F}'_{N1}$ 为一对作用力与反作用力，$\vec{F}_{N2}$ 与 $\vec{F}'_{N2}$ 为一对作用力与反作用力。

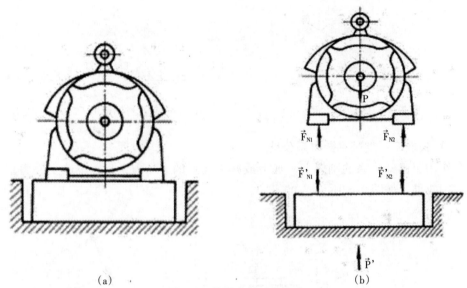

(a)   (b)

图 2-7　作用力与反作用力

（五）公理四：力的平行四边形法则

作用于物体上某一点的两力，可以合成为一个合力，合力亦作用于该点上，合力的大小和方向可由以这两个力为邻边所构成的平行四边形的对角线确定，如图 2-8（a）所示。

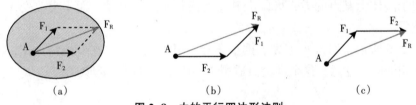

(a)   (b)   (c)

图 2-8　力的平行四边形法则

在求合力时，为简便只需作出力的平行四边形的一半，即一个三角形，如图 2-8（b）或图 2-8（c）所示。这种作图求合力的方法称为力的三角形法。

（六）推论二：三力平衡会交定理

刚体受同一平面内三个互不平行的力作用而平衡时，此三个力的作用线必会交于一点。此推论可用力的可传性原理、平行四边形法则来证明。

三、力矩

（一）力矩的概念

力不仅能使物体移动，还能使物体转动，转动的效应与作用力 F 的大小和方向有关，也与转动中心 O 到力的作用线的垂直距离 L 有关。以 F 与 L 的乘积及转向来度量力绕点的转动效应，称为力对点的矩（见图 2-9），简称力矩。力矩是代数量，用符号 $M_0(F)$ 表示，则有：

$$M_0(F) = \pm FL$$

式中的正负号表示力矩的转向。在平面内规定：力使物体绕矩心作逆时针方向转动时，力矩为正；力使物体作顺时针方向转动时，力矩为负。

力矩的单位是 N·m 或 kN·m。

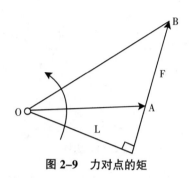

图 2-9　力对点的矩

（二）力矩的性质

（1）力 F 对点 O 的矩，不仅取决于力的大小，同时与矩心的位置有关。矩心的位置不同，力矩随之不同。

（2）当力的大小为零或力臂为零时，则力矩为零。

（3）力沿其作用线移动时，因为力的大小、方向和力臂均没有改变，所以，力矩不变。

（4）相互平衡的两个力对同一点的矩的代数和等于零。

四、力偶

在生产实践和日常生活中，为了使物体发生转动，常常在物体上施加两个大小相等、方向相反、不共线的平行力。例如钳工用丝锥攻丝时两手加力在丝杠上（见图 2-10）。

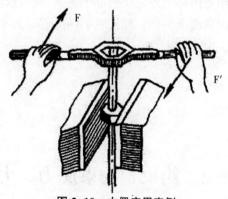

图 2-10　力偶应用实例

（一）力偶的概念

力学上把大小相等、方向相反、不共线的两个平行力叫力偶。用符号（F，F′）表示。两个相反力之间的垂直距离 d 叫力偶臂（见图 2-11），两个力的作用线所在的平面称为力偶作用面。力偶不能再简化成比力更简单的形式，所以，力偶与力一样被看成是组成力系的基本元素。

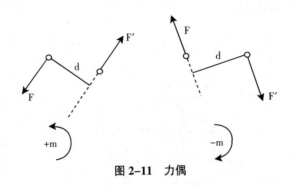

图 2-11　力偶

力偶的转动效应不仅与两个力的大小有关，而且还与力偶臂的大小有关。与力矩类似，用力偶中一个力大小和力偶臂的乘积并冠以适当正负号（以示转向）来度量力偶对物体的转动效应，称为力偶矩，用 M 表示。即：

$$M(F, F') = \pm Fd$$

使物体逆时针方向转动时，力偶矩为正；反之为负，如图 2-11 所示。所以力偶矩是代数量。力偶矩的单位与力矩的单位相同，常用牛顿·米（N·m）。

（二）力偶的三要素

通过大量实践证明，度量力偶对物体转动效应的三要素是：力偶矩的大小、力偶的转向、力偶的作用面。不同的力偶只要它们的三要素相同，对物体的转动效应就是一样的。

（三）力偶的性质

性质 1：力偶没有合力，所以力偶不能用一个力来代替，也不能用一个力来平衡。

性质 2：力偶对其作用面内任一点之矩恒等于力偶矩，且与矩心位置无关。

性质 3：在同一平面内的两个力偶，如果它们的力偶矩大小相等，转向相同，则这两个力偶等效，称为力偶的等效条件。

【知识应用】

列举生活中力偶的实例。

任务 2　约束、约束反力、力系

【学习目标】

熟悉约束、约束反力的概念；

掌握常见约束类型；

熟悉杆件的受力分析及画受力图。

【学习重点和难点】

常见约束类型及约束反力表示方法；

受力分析及画受力图。

【任务导入】

在力学中通常把物体分为两类：一类是自由体，它们的位移不受任何限制，例如鸟儿在天空中自由飞翔，鱼在水中自由游动；另一类称为非自由体，它们的位移受到了预先给定条件的限制，例如放在桌子上的书的位移受到桌面的限制，吊在电线上的灯泡的位移受到电线的限制。在工程结构中，每一构件都根据工作的要求以一定的方式和周围其他构件相联系着，如图 2-12 所示，曲柄冲压机冲头受到滑道的限制只能沿垂直方向平动，飞轮受到轴承的限制只能绕轴转动，这些零部件都是按照一定的形式相互连接的，因此，它们的运动必然互相牵连和限制。像冲压机冲头、飞轮这种运动受到限制或约束的物体，被称为"被约束体"。本任务课我们就来学习约束、约束力类型、平面力系。

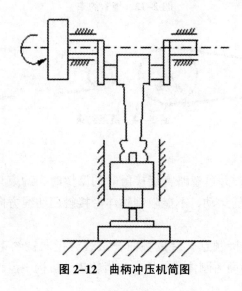

图 2-12　曲柄冲压机简图

【相关知识】

一、约束与约束反力

在工程实际中，物体的运动要受到周围其他物体的限制，这种对物体的某些位移起限制作用的周围其他物体称为约束，例如轴承就是转轴的约束。

约束限制了物体的某些运动，约束对物体的这种作用力，称为约束反力。约束反力的方向总是与该约束所限制物体的位移方向相反。

使物体产生运动或运动趋势的力，称为主动力，如重力、推力等，主动力有时也叫载荷。

二、常见约束类型

(一) 柔性约束

由绳索、胶带、链条等形成的约束称为柔性约束。

这类约束只能限制物体沿柔索伸长方向的运动，只能承受拉力而不能承受压力。

约束反力方向是，沿柔体的中线，背离被约束物体，常用符号 F_T 表示，如图 2-13、图 2-14 所示。

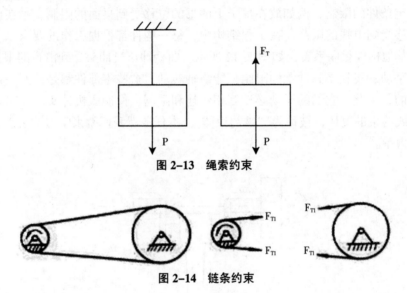

图 2-13　绳索约束

图 2-14　链条约束

(二) 光滑面约束

当两物体直接接触，并可忽略直接接触时的摩擦时，约束只能限制物体在接触点沿接触面的公法线方向的运动，不能限制物体沿接触面切线方向的运动，这类约束称为光滑面约束。

约束反力必须通过接触点，沿接触面公法线，指向被约束体，通常用 F_N 表示。图 2-15 中分别为光滑曲面对刚体球的约束和齿轮传动机构中齿轮轮齿间的约束。

(三) 光滑铰链约束

铰链是工程上常见的一种约束。门所用的活页、铡刀与刀架、起重机的动臂与机座的连接等，都是常见的铰链连接。

它是用圆柱形销钉将两个开有销钉孔的零件连接起来形成的一种可动的连接。这时销钉只能限制两个物体的相对移动而不能限制它们的相对转动。如果销钉与零件之间接触面摩擦很小，可忽略不计时，则称之为光滑铰链。

工程上常见的光滑铰链有三种形式。

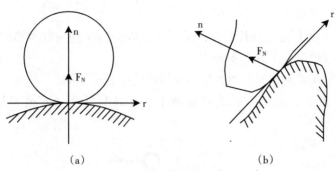

(a)   (b)

图 2-15 光滑面约束

1. 中间铰链

用销钉穿过两个可动构件的圆柱孔，将它们连接起来，通常称为中间铰链。

这种约束只限制了构件孔端的任意移动，不限制构件绕销孔的相对转动。

在图中，通常用一个小圆圈表示铰链，约束反力通常用两个通过铰链中心的正交力 F_x、F_y 表示，如图 2-16 所示。

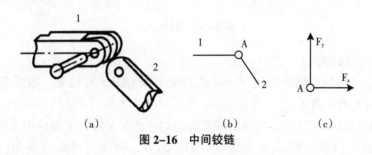

(a)   (b)   (c)

图 2-16 中间铰链

2. 固定铰链

固定铰链支座是用销钉把某构件与固定机架或固定支承面连接，构件只能绕销钉轴线转动，不能做其他移动，销钉与构件的接触为光滑圆柱面。

固定铰链支座约束能限制物体（构件）沿圆柱销半径方向的移动，但不限制其转动。

约束反力必定通过圆柱销的中心，但其大小 F_R 及方向一般不能由约束本身的性质确定，常用相互垂直的两个分力 F_x 和 F_y 来代替，如图 2-17 所示。

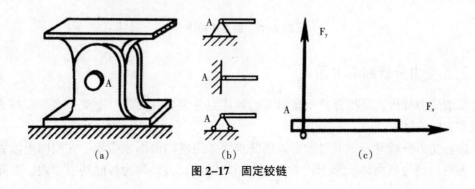

(a)   (b)   (c)

图 2-17 固定铰链

3. 活动铰链

在固定铰链支座下边安装几个圆柱形滚子，以适应某些构件变形的需要，这种支座就称为活动铰链约束，也称为辊轴支座。

它可以沿支承面移动，其约束性质与光滑面约束完全相同。

约束反力垂直于支承面，并通过铰链中心，且只受压力。通常用 F_N 表示。如图2-18所示。

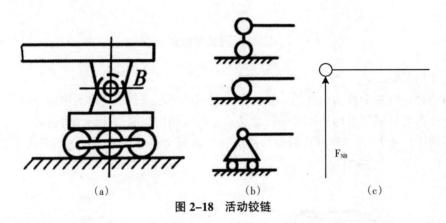

(a)　　　　　　(b)　　　　　　(c)

图 2-18　活动铰链

（四）固定端约束

非自由体与其约束物体固定在一起的约束，称为固定端约束，如固定在刀架上的车刀、建筑物上的阳台等。

这种约束既限制了被约束构件的任意方向的移动，又限制了被约束构件的转动。

约束反力一般可用两个正交约束分力 F_{Ax}、F_{Ay} 和一个约束力偶 M_A 来表示（见图 2-19）。

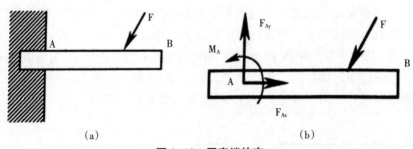

(a)　　　　　　　　　　(b)

图 2-19　固定端约束

三、受力分析和受力图

所谓受力分析，是指分析所要研究的物体（称为研究对象）上受力多少、各力作用点和方向的过程。

进行受力分析时，研究对象可以用简单线条组成的简图来表示。在简图上除去约束，使对象成为自由体，添上代表约束作用的约束反力，称为解除约束原理。解除约

束后的自由物体称为分离体，在分离体上画上它所受的全部主动力和约束反力，就称
为该物体的受力图。

下面举例说明受力图的做法及注意事项。

【例2-1】均质球重 G，用绳系住，并靠于光滑的斜面上，如图2-20（a）所示。试
分析球的受力情况，并画出受力图。

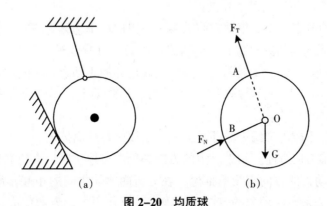

（a）　　　　　　　　　　（b）

图 2-20　均质球

解：

（1）确定球为研究对象；

（2）作用在球上的力有三个：即球的重力 G，绳的拉力 F_T，斜面的约束反力 F_N；

（3）根据以上分析，将球及其所受的各力画出，即得球的受力图如图2-20(b)所示。

由【例2-1】可知，绘制受力图的一般步骤为：

（1）确定研究对象，解除约束，画出研究对象的分离体简图；

（2）根据已知条件，在分离体简图上画出全部主动力；

（3）在分离体的每一约束处，根据约束的类型画出约束反力。

【例2-2】均质杆 AB，重量为 G，支于光滑的地面及墙角间，并用水平绳 DE 系
住，如图2-21(a)所示。试画出杆 AB 的受力图。

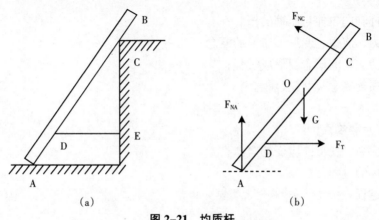

（a）　　　　　　　　　　（b）

图 2-21　均质杆

解：

（1）取杆 AB 为研究对象；

（2）受力分析：作用在杆上的主动力有重力 G，约束反力有地面的约束反力 F_{NA}，墙角的约束反力 F_{NC}，柔体绳子的拉力 F_T；

（3）受力图如图 2-21（b）所示。

画受力图时，必须注意以下几点：

（1）必须明确研究对象。根据求解需要，可以取单个物体为研究对象，也可以取由几个物体组成的系统为研究对象，不同研究对象的受力图是不一样的。

（2）不要多画力，也不要漏画力。一般先画已知的主动力，再画约束反力；凡是研究对象与外界接触之处，一般都存在约束反力。当画某个物系的受力图时，只需画出全部外力，不必画出内力。

（3）受力图上不能再带约束。即受力图一定要画在分离体上。

（4）不要画错力的方向。约束反力的方向必须严格地按照约束的类型来画，不能单凭直观或根据主动力的方向来简单推论。在分析两物体之间的相互作用时，要注意作用力与反作用力关系，作用力的方向一旦确定，反作用力的方向就应与之相反，不要把箭头方向画错。

（5）正确判断二力构件。若机构中有二力构件，则应先分析二力构件的受力，然后再分析其他作用力。

【知识应用】

常见约束类型有哪些？分别列举生活中的应用实例。

任务 3　材料力学的基本概念

【学习目标】

掌握直杆轴向拉伸与压缩的概念；

掌握内力、应力、变形、应变的概念；

了解疲劳破坏的概念及形成过程；

了解磨损的概念及磨损过程。

【学习重点和难点】

内力、应力、变形、应变的概念；

疲劳破坏的过程；

磨损的过程。

【任务导入】

在工程和生活中遇到的各种结构和机器，不管多么复杂，它们都是由构件组合而成的。任何构件在载荷作用下，其尺寸和形状都会发生变化，过载时会发生变形甚至破坏。材料力学正是研究物体在外力作用下将产生什么样的变形，物体的承受能力怎样，力与变形之间有什么关系，力与物体的变形及破坏规律的学科。因此，学习材料力学对了解工程构件的承载能力起着至关重要的作用。

【相关知识】

一、构件的承载能力

构件的承载能力指构件承受载荷的能力，即工作能力。构件在受到载荷作用时，产生变形，并在构件内部产生一种抵抗变形的效应。当载荷达到一定程度时，构件会丧失承载能力，因此，为了保证机械或工程结构的正常工作，构件必须满足下面几个要求。

（1）强度，指金属材料在静载荷作用下抵抗变形和破坏的能力。

（2）刚度，指金属材料受外力作用时抵抗弹性变形的能力。

（3）稳定性，指构件保持其原有平衡状态的能力。

二、内力、应力、应力集中

（一）内力的概念

研究构件的承载能力时，把构件所承受的作用力分为外力和内力。外力是指其他构件对研究对象的作用力，包括载荷、约束反力；内力是指构件为抵抗外力作用，在其内部产生相互作用的力。内力随着外力的增大而增大，当增大到某一极限值时，构件将发生破坏。

通常采用截面法求构件内力，用截面法求内力可归纳为四个字：

（1）截。欲求某一横截面的内力，沿该截面将构件假想地截成两部分。

（2）取。取其中任意部分为研究对象，而弃去另一部分。

（3）代。用作用于截面上的内力，代替弃去部分对留下部分的作用力。

（4）平。建立留下部分的平衡条件，由外力确定未知的内力。

（二）应力的概念

内力在一点处的集度（即密集程度）称为该点的应力。应力也可理解为，作用在杆件横截面上单位面积的内力。

作用线垂直于截面的应力称为正应力，用 σ 表示；作用线相切于截面的应力称为切应力或剪应力，用 τ 表示。

不随时间变化或变化缓慢的应力称为静应力；随时间变化的应力称为变应力。其中，有的构件所受的外力随时间呈周期性变化，这时内部的应力也随时间呈周期性变化，称为交变应力。

在国际单位制中，应力的单位是牛/米^2（N/m^2），又称帕斯卡，简称帕（Pa）。在实际应用中这个单位太小，通常使用兆帕（MPa）（N/mm^2）或吉帕（GPa）。它们的换算关系为：

$$1N/m^2 = 1Pa \qquad 1MPa = 10^6\,Pa \qquad 1GPa = 10^9\,Pa$$

（三）应力集中

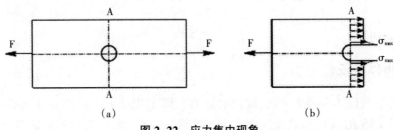

图 2-22　应力集中现象

由于尺寸改变而产生的局部应力增大的现象称为应力集中，如图 2-22(b)所示。

应力集中常发生在构件有切口、切槽、油孔、螺纹、轴肩等的部位，削弱了构件的强度，降低了构件的承载能力。应力集中处往往是构件破坏的起始点，是引起构件破坏的主要因素。为了确保构件的安全使用，提高产品的质量和经济效益，必须科学地处理构件的应力集中问题。

静载荷作用下，对于组织均匀的脆性材料，必须考虑应力集中的影响；动载荷作用下，无论塑性材料还是脆性材料都必须考虑应力集中的影响。

三、疲劳破坏

许多机械零件和工程构件都是承受交变载荷工作的，通过前面的学习我们知道，此时产生的应力为交变应力，在经过长时间交变应力反复循环作用下，材料对交变应力抵抗力下降，这种现象称为疲劳。构件在交变应力作用下产生裂纹和断裂的现象称为疲劳破坏。

疲劳破坏从宏观上一般可分为三个阶段：裂纹形成、裂纹扩展、失效断裂。当交变应力超过一定限度，在构件中应力为最大处或材料有缺陷处，材料经过应力多次交替变化后，首先产生细微裂纹源。这种裂纹随着应力循环次数的增多而逐步扩展。在此扩展过程中，随着应力交替地变化，裂纹两边的材料时分时合，并互相研磨，因此形成断面的光滑区域。随着裂纹的不断扩展，构件截面的有效面积不断减小，最后当削弱到不能抵抗破坏时，就突然断裂，断面上的粗糙颗粒就是由于最后的突然断裂而形成的。综上所述，交变应力下材料的累积塑性变形是材料破坏的主要原因。

疲劳不易发现，疲劳破坏往往具有突发性，因此对安全的影响极大。疲劳性能可以通过疲劳试验测出疲劳曲线（见图 2-23），得出交变载荷循环次数下对应的可承受应力。

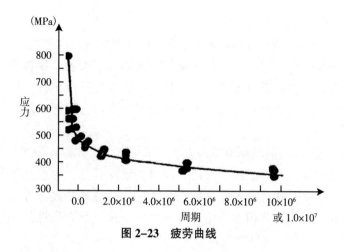

图 2-23　疲劳曲线

　　一般情况下，防止结构材料与机械零件表面应力集中、阻碍位错滑移堆积、抑制塑性变形，则疲劳裂纹不易形成亦难以扩展，使疲劳极限或疲劳强度增加。常用的措施有：减缓应力集中；提高表面光洁度；增强表层强度。

四、磨损

　　在摩擦作用下物体相对运动时，表面逐渐分离出磨屑，从而不断损伤的现象，称为磨损。磨损是伴随摩擦而产生的必然结果。

　　由于磨损造成表层材料的损耗，零件尺寸发生变化，直接影响了零件的使用寿命。

　　构件正常运行的磨损过程一般分为三个阶段：跑合阶段、稳定磨损阶段、剧烈磨损阶段，如图 2-24 所示。

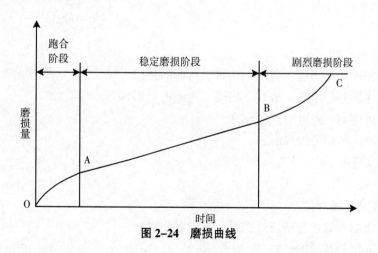

图 2-24　磨损曲线

　　（1）跑合（磨合）阶段。该阶段的特点是在较短的工作时间内，表面发生了较大的磨损量。随着表面被磨平，实际接触面积不断增大，表面粗糙度减小，磨损速率不断减小。磨合过程是一个有利的过程，其结果为以后机械的正常运转创造了条件。磨合过程是机械设备必经的过程，选择合适的磨合规范和润滑剂等措施，可以缩短磨合过程，提高机器的使用寿命。

（2）稳定磨损阶段。这一阶段零件表面磨损得很缓慢，这是由于经过跑合阶段后，表面微凸出部分的曲率半径增大，高度降低，接触面积增大，使得接触压强减小，同时还有利于润滑油膜的形成与稳定。大多数工件均在此阶段服役，磨合得越好，该段磨损速率就越低。稳定磨损阶段决定了零件的工作寿命。因此，延长稳定磨损阶段对零件工作是十分有利的。

（3）剧烈磨损阶段。由于摩擦条件发生较大的变化，如温度快速增加，金相组织发生变化，使间隙变得过大，增加了冲击，润滑油膜易破坏，磨损速度急剧增加，致使机械效率下降，精度降低，出现异常的噪声和振动，最后导致意外事故。通常应该说剧烈磨损的发生是磨损长期积累的结果。一旦发生往往是突发性的和急剧的，因此磨损量曲线和磨损率曲线均呈急剧上升。

根据摩擦面损伤和破坏的形式，磨损大致可分为黏着磨损、磨料磨损、腐蚀磨损、接触疲劳等。

【知识应用】

（1）举例说明应力集中现象可通过哪些措施缓解？

（2）试运用本任务课内容解释：为何很多食品包装袋边缘做成锯齿型，或留有豁口？原理是什么？

任务4　杆件基本变形

【学习目标】

掌握直杆拉伸与压缩、剪切、扭转、弯曲的概念；

了解直杆拉伸与压缩、剪切、扭转、弯曲的变形特点；

熟悉许用应力、强度条件的概念；

了解强度计算的一般步骤；

了解胡克定律。

【学习重点和难点】

拉伸与压缩、剪切与挤压、扭转、弯曲的概念；

强度计算概念及步骤；

胡克定律。

【任务导入】

通过前面的学习，我们认识到构件承载能力对构件能否正常工作有着重要的影响。

本任务课将通过构件受力变形与应力问题，研究构件承载能力。

【相关知识】

实际构件的形状是多种多样的，简化后可分为杆、板、壳和块，凡是长度尺寸远远大于其他两个方向尺寸的构件称为杆。

杆件在不同载荷作用下，会产生各种不同的变形。杆件基本变形形式有轴向拉伸与压缩、剪切与挤压、圆轴扭转、平面弯曲四种。工程中一些复杂的变形形式均可看成是上述两种或两种以上基本变形形式的组合，称为组合变形。

一、四个基本类型

（一）轴向拉伸与压缩

如图 2-25 所示，在工程实际中的很多直杆，略去次要受力后，它们所受到的外力的作用线或外力的合力作用线都是与杆件的轴线重合的，所引起的杆件变形主要是沿轴线方向的伸长或缩短，我们称这种变形为轴向拉伸或轴向压缩。工程中，常将发生这种变形的杆件称为拉杆或压杆。

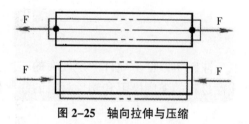

图 2-25　轴向拉伸与压缩

（二）剪切

如图 2-26 所示，杆件两侧作用有一对大小相等、方向相反、作用线平行且相距很近的外力，夹在两外力作用线之间的横截面发生了相对错动，构件产生的这种变形称为剪切变形。在工程中常受到剪切变形的零件有螺栓、键、销等。

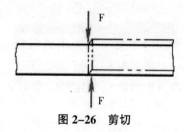

图 2-26　剪切

（三）扭转

如图 2-27 所示，杆件承受两个大小相等、转向相反、作用面垂直于圆轴轴线的外力偶矩作用，横截面产生绕轴线的相互转动，这种变形称为扭转变形。

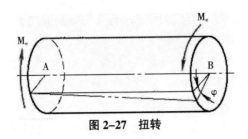

图 2-27　扭转

（四）平面弯曲

如图 2-28 所示，当杆件受到垂直于杆轴的外力作用或在纵向平面内受到力偶作用时，杆轴由直线弯成曲线，这种变形称为弯曲。以弯曲变形为主的杆件称为梁。

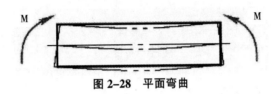

图 2-28　平面弯曲

二、强度条件

（一）许用应力

工程上的构件，既不允许破坏，也不允许产生较大的塑性变形，否则会影响杆件的正常工作。因此，将脆性材料的强度极限和塑性材料的屈服极限或作为材料的极限正应力，用 $[\sigma]$ 表示。

但在实际工作中，还存在一些不确定的因素，为了确保安全，构件还应具有适当的强度储备。由此可见，杆件的最大工作应力 σ_{max} 应小于材料的极限应力，而且还要有一定的安全裕度。

因此，在选定材料的极限应力后，除以一个大于 1 的系数 n，所得结果称为许用应力，即：

$$[\sigma] = \frac{\sigma_v}{n}$$

式中，n 称为安全因数。确定安全因数可从有关规范或设计手册中查到。

在一般静强度计算中，对于塑性材料，按屈服应力所规定的安全因数 n_s，通常取为 1.5~2.2；对于脆性材料，按强度极限所规定的安全因数 n_b，通常取为 3.0~5.0，甚至更大。

（二）强度条件概念

根据以上分析，为了保证拉（压）杆在工作时不致因强度不够而被破坏，杆内的最大工作应力 σ_{max} 不得超过材料的许用应力 $[\sigma]$，即：

$$\sigma_{max} = \left(\frac{F_N}{A}\right)_{max} \leqslant [\sigma]$$

上式即为拉（压）杆的强度条件。

利用上述强度条件，可以解决下列三种强度计算问题：

（1）强度校核。已知荷载、杆件尺寸及材料的许用应力，根据强度条件校核是否满足强度要求。

（2）选择截面尺寸。已知荷载及材料的许用应力，确定杆件所需的最小横截面面积。

（3）确定承载能力。已知杆件的横截面面积及材料的许用应力，根据强度条件可以确定杆能承受的最大轴力，然后即可求出承载力。

最后还需指出，如果最大工作应力 σ_{max} 超过了许用应力 $[\sigma]$，但只要不超过许用应力的 5%，在工程计算中仍然是允许的。

强度计算一般可按以下步骤进行：

（1）外力分析。分析构件所受全部外力，明确构件的受力特点，求解所有外力大小，作为分析计算的依据。

（2）内力计算。用截面法求解构件横截面上的内力，并用平衡条件确定内力的大小和方向。

（3）强度计算。利用强度条件，校核强度、设计横截面尺寸或确定许可载荷。

在以上计算中，都要用到材料的许用应力。几种常用材料在一般情况下的许用应力值如表 2-1 所示。

表 2-1　几种常用材料的许用应力约值

材料名称	牌号	轴向拉伸（MPa）	轴向压缩（MPa）
低碳钢	Q235	140~170	140~170
低合金钢	16Mn	230	230
灰口铸铁		35~55	160~200
木材（顺纹）		5.5~10.0	8~16
混凝土	C20	0.44	7
混凝土	C30	0.6	10.3

注：适用于常温、静载和一般工作条件下的拉杆和压杆。

三、胡克定律

杆件在轴向拉伸或轴向压缩时，除产生沿轴线方向的伸长或缩短外，其横向尺寸也相应地发生变化，前者称为轴向变形，后者称为横向变形。

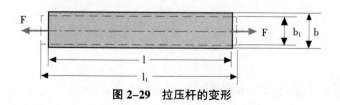

图 2-29　拉压杆的变形

如图 2-29 所示，设 l、b 为等截面直杆变形前的长度和横向尺寸，l_1、b_1 为等截面直杆变形后的长度和横向尺寸，则轴向变形和横向变形分别为：

$$\Delta l = l_1 - l$$

$$\Delta b = b_1 - b$$

Δ_l 与 Δ_b 称为绝对变形，即总的伸长量或缩短量。

绝对变形的大小并不能反映杆的变形程度，为了度量杆的变形程度，需计算单位长度内的变形量。对于轴力为常量的等截面直杆，其变形处处相同。

$$\varepsilon = \frac{\Delta l}{l} = \frac{l_1 - l}{l}$$

$$\varepsilon' = \frac{\Delta b}{b} = \frac{b_1 - b}{b}$$

式中，ε 为轴向应变，无量纲量；ε' 为横向应变，无量纲量。它们的符号都是伸长为正，缩短为负，对于一个构件，它的轴向相对变形和横向相对变形符号相反。

实验表明：在一定的范围内（弹性范围），拉压杆的伸长 Δl 与轴向拉力 F 和杆件的长度 l 成正比，而与杆件的横截面积 A 成反比，即：

$$\Delta l \propto \frac{Fl}{A}$$

引入比例常数 E，并令 $F = F_N$，可将上式改写为：

$$\Delta l = \frac{F_N l}{EA}$$

式中，E 称为材料的拉（压）弹性模量，可用它表明材料的弹性性质，其单位与应力单位相同。

上式即为胡克定律。它表明了在弹性范围内杆件轴力与纵向变形间的线性关系。根据应力、应变的定义，可得到胡克定律的另一种表达形式，即：

$$\sigma = E\varepsilon$$

该式表示在材料的弹性范围内，正应力与线应变成正比关系。

【知识应用】

试对你周围的产品（设施）进行实物调查，指出这些产品（设施）中哪些构件发生的变形为轴向拉伸或轴向压缩变形？哪些发生的变形为剪切与挤压变形？哪些发生的是扭转变形？哪些发生的是平面弯曲变形？

复习与思考题

2-1. 哪些因素决定力的作用效果？

2-2. 试比较力矩与力偶的异同。

2-3. 力矩在什么情况下为零？

2-4. 列举生活中力偶的实例。

2-5. 二力平衡条件、加减平衡力系原理和力的可传性的适用条件是什么？为什么？

2-6. 合力是否一定比分力大？

2-7. 二力平衡条件与作用力和反作用力定律有何区别？

2-8. 跳伞运动员和伞在空中匀速直线下降，若已知人和伞的总重量，你能说出他们所受的阻力吗？

2-9. 某一平面力系，如果其力的多边形不封闭，说明什么问题？利用多边形法则简化的合力，其作用线与简化中心的位置无关，这种说法是否正确？

2-10. 已知某平面任意力系与某平面力偶系等效，则此平面任意力系向平面任意一点简化的结果如何？

2-11. 通常采用两点吊装预制构件如图 2-30 所示。若起吊角 a 有三种情况：a > 90°，a = 90°，a < 90°，你选用哪一种？为什么？

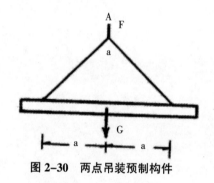

图 2-30　两点吊装预制构件

2-12. 跳水运动员在跳水时，跳板发生怎样的变形？若发生断裂，什么地方可能性最大？

2-13. 与外力相比，内力有何特点？如何计算内力？

2-14. 是否可以通过内力来判断杆件上某一点受力的强弱程度？为什么？

2-15. 杆件变形的基本形式有哪些？受力特点和变形特点分别是什么？

项目三 常用机构

在各类机械中，为了传递运动或变换运动形式使用了各种类型的机构。机构由构件组合而成，但并非任意的构件组合都能成为机构，只有组成机构的各构件之间具有确定的相对运动，才能使机构按设计要求完成有规律的运动。因此，学会识别机构以及掌握如何组合构件来满足机构具有确定运动的条件，是机构分析与设计的基础。

任务1 平面机构的运动简图及自由度

【学习目标】

了解机器和机构的特征；

掌握构件、运动副的概念；

了解平面机构运动简图的绘制；

掌握平面机构自由度的计算及机构具有确定运动的条件。

【学习重点和难点】

平面机构的运动副概念及其分类；

平面机构运动简图的绘制；

平面机构的自由度计算；

平面机构具有确定运动的条件。

【任务导入】

机构是具有确定相对运动的运动链。显然，不能运动或做无规则运动的运动链都是不能称为机构的。为了保证所设计的机构能够运动并具有运动确定性，必须探讨运动链的自由度、运动链成为机构的条件以及机构的运动情况。

【相关知识】

一、机器、机构及其特征

机械是机器和机构的总称。

机器是人们根据使用要求而设计的一种执行机械运动的装置，用来变换或传递能量、物料与信息，从而代替或减轻人类的体力劳动和脑力劳动。机器的共有特征为：

（1）由人造机件组合而成；

（2）组成的各部分之间具有确定的相对运动；

（3）能够代替人的劳动完成有用功或者实现能量的转换。

仅具有前两个特征的称为机构。机构是多个实物的组合，能实现预期的机械运动。

可以看出，机器是由机构组成的，而机构却不能像机器一样实现能量转换。若仅从结构和运动的观点来看，机器与机构之间并无区别，所以统称为机械。

二、机构的组成

（一）构件

构件是组成机构的最基本运动单元。它由一个或若干个零件刚性组合而成。根据运动传递路线和构件的运动状况，构件可分为三类：

（1）机架。机构中的固定构件或相对固定构件称为机架。每个机构中均应有一个构件作为机架。

（2）原动件。机构中作独立运动的构件称为原动件。原动件是机构中输入运动的构件，故也称主动件。每个机构都应至少有一个原动件。在机构运动简图中，要求用箭头标明原动件的运动方向。

（3）从动件。机构中除了机架和原动件以外的所有构件均称为从动件。

（二）运动副

机构中两构件之间直接接触并能做相对运动的可动连接，称为运动副。例如轴与轴承之间的连接，活塞与气缸之间的连接，凸轮与推杆之间的连接，两齿轮的齿和齿之间的连接等。

两构件组成运动副后，就限制了两构件间的部分相对运动，运动副对于构件间相对运动的这种限制称为约束。机构就是由若干构件和若干运动副组合而成的，因此运动副也是组成机构的主要要素。

两构件组成的运动副，不外乎是通过点、线、面接触来实现的。根据组成运动副的两构件之间的接触形式，运动副可分为低副和高副。

（1）低副。两构件以面接触形成的运动副称为低副。按它们之间的相对运动是转动还是移动，低副又可分为转动副和移动副。

1）转动副。组成运动副的两构件只能绕某一轴线做相对转动的运动副。转动副的具体结构形式通常是用铰链连接，即由圆柱销和销孔所构成的转动副，如图 3-1（a）所示。

2）移动副。组成运动副的两构件只能做相对直线移动的运动副，如图 3-1（b）所示。

由上述可知，平面机构中的低副引入了两个约束，仅保留了构件的一个自由度。因转动副和移动副都是面接触，接触面压强低，称为低副。我们将由若干构件用低副连接组成的机构称为平面连杆机构，也称低副机构。由于低副是面接触，所以压强低，

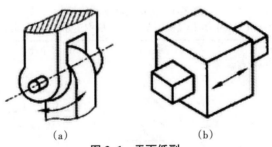

（a）　　　　　　　（b）

图 3-1　平面低副

磨损量小，而且接触面是圆柱面和平面，制造简便，且易获得较高的制造精度。此外，这类机构容易实现转动、移动等基本的运动形式及转换，因而在一般机械和仪器中应用广泛。平面连杆机构也有其缺点：低副中的间隙不易消除，引起运动误差，且不易精确地实现复杂的运动规律。

（2）高副。两构件以点或线接触形成的运动副称为高副。如图 3-2 所示，（a）为齿轮副，（b）为凸轮副，（c）为螺旋副，（d）为球面副，这类运动副因为接触部位是点或线接触，接触部位压强高，故称为高副。

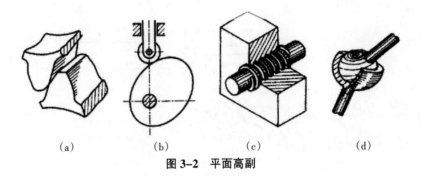

（a）　　　　　（b）　　　　　（c）　　　　　　（d）

图 3-2　平面高副

三、平面机构的运动简图

为方便对机构进行分析，可以撇开机构中与运动无关的因素（如构件的形状、组成构件的零件数目、运动副的具体结构等），用简单线条和符号表示构件和运动副，并按一定比例定出各运动副的位置，以简图表示出机构各构件间的相对运动关系，这种简图为机构运动简图。它是表示机构运动特征的一种工程用图。

（一）常用运动副的符号

为了便于绘制机构运动简图，GB/T4460-2013 已制定了运动副符号的画法，常用运动副的代表符号如表 3-1 所示。

（二）构件在机构运动简图中的表示法

构件的相对运动是由运动副决定的。因此，在表达机构运动简图中的构件时，只需将构件上的所有运动副元素按照它们在构件上的位置用符号表示出来，再用简单线条将它们连成一体即可。

表 3-1　常用运动副的符号
（摘自 GB/T 4460-2013《机械制图——机构运动简图用图形符号》）

条号	名称	基本符号	可用符号	附注
5.1	具有一个自由度的运动副			
5.1.1	回转副 a）平面机构 b）空间机构	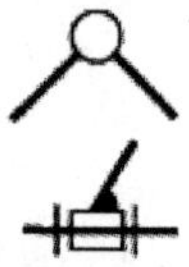	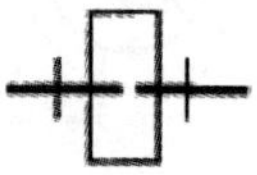	
5.1.2	棱柱副 （移动副）		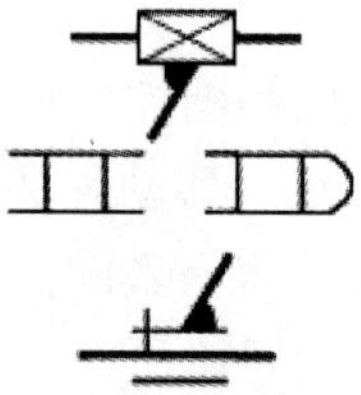	
5.1.3	螺旋副			
5.2	具有两个自由度的运动副			
5.2.1	圆柱副	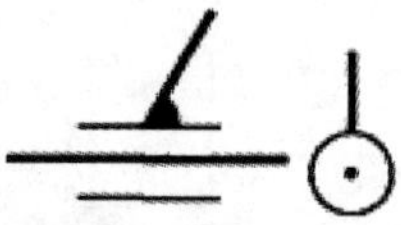		
5.2.2	球销副			
5.3	具有三个自由度的运动副			
5.3.1	球面副			
5.3.2	平面副	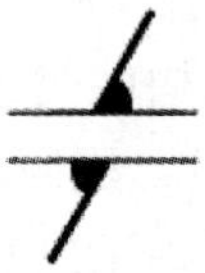		

1. 两副构件

具有两个运动副元素的构件，可用一根直线连接两个运动副元素，如图 3-3 所示；图 3-3（a）表示回转副的小圆的圆心代表相对回转轴线；图 3-3（b）、图 3-3（c）表示移动副的导路应与相对移动方向一致；图 3-3（d）表示平面高副的曲线的曲率中心应与实际轮廓相符。

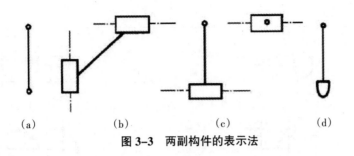

图 3-3 两副构件的表示法

2. 多副构件

具有三个或三个以上运动副元素的构件的表示方法如图 3-4 所示。

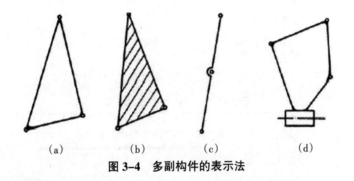

图 3-4 多副构件的表示法

（三）机构运动简图的绘制

在绘制机构运动简图时，首先要分析机械的构造和运动情况，找出机械的原动部分和执行部分，然后循着运动传递路线，弄清该机械由多少个构件组成、各构件之间构成了何种运动副等。

为了将机构运动简图表达清楚，需要选择恰当的投影图。一般情况下，可以选择多数构件所在的运动平面作为投影图，这样可较直观地表达各构件的运动关系。

在选定投影面后，只要选定适当的比例尺，根据机构的运动尺寸（确定各运动副相对位置的尺寸）确定出各运动副之间的相对位置，就可以用运动副及常用机构运动简图的代表符号（见表 3-2）和构件的表示方法（见表 3-3），绘出机构运动简图来。

表 3-2 常用机构运动简图符号

名称	符号	名称	符号
在支架上的电机		齿轮齿条传动	
带传动		圆锥齿轮传动	

名称	符号	名称	符号
链传动	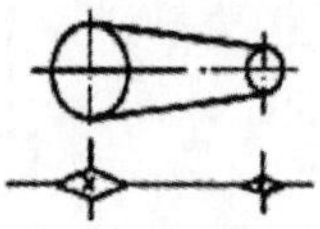	圆柱蜗杆传动	
摩擦轮传动	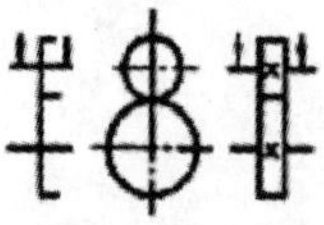	凸轮传动	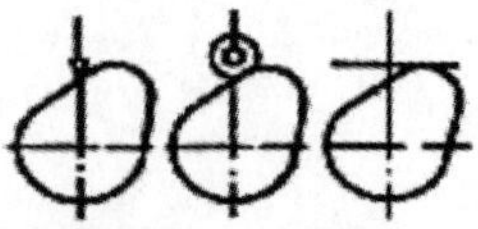
外齿合圆柱齿轮传动	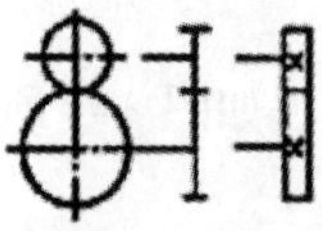	槽轮机构	 外齿合　　内齿合
内齿合圆柱齿轮传动	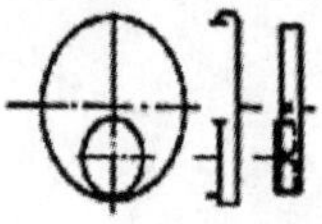	棘轮机构	 外齿合　　内齿合

表 3-3　一般构件的表示方法

名称	符号
杆、轴类构件	
固定构件	
同一构件	
两副构件	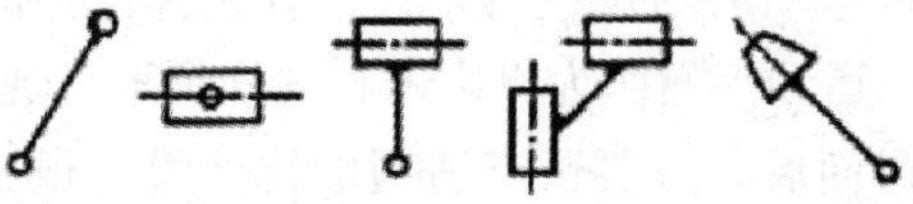
三副构件	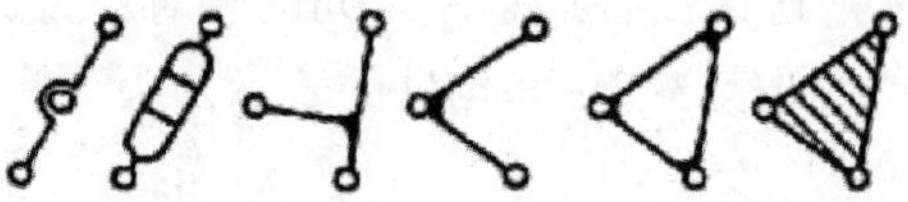

四、平面机构的自由度

(一) 自由度和约束

如图 3-5 所示，一个在平面内自由运动的构件，有沿 X 轴移动，沿 y 轴移动或绕 A 点转动三种运动可能性。我们把构件做独立运动的可能性称为构件的"自由度"。所以，平面机构自由度就是该机构所具有的独立运动的数目，可用如图 3-5 所示的三个独立的运动参数 x、y、θ 表示。

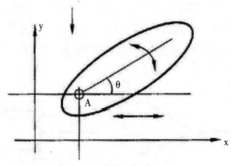

图 3-5 构件的自由度

构件以一定的方式连接组成机构。机构必须具有确定的运动，因此，组成机构各构件的运动受到某些限制，以使其按一定规律运动。这些对构件独立运动所加的限制称为约束。

（二）平面机构自由度的计算

在平面机构中，每个平面低副（转动副、移动副）引入两个约束，使构件失去两个自由度，保留一个自由度；而每个平面高副（齿轮副、凸轮副等）引入一个约束，使构件失去一个自由度，保留两个自由度。

如果一个平面机构中含有 N 个活动构件（机架为参考坐标系，相对固定而不计），未用运动副连接之前，这些活动构件的自由度总数为 3N。当各构件用运动副连接起来之后，由于运动副引入的约束使构件的自由度减少。若机构中有 P_L 个低副和 P_H 个高副，则所有运动副引入的约束数为 $2P_L + P_H$。因此，自由度的计算可用活动构件的自由度总数减去运动副引入的约束总数。

若机构的自由度用 F 表示，则有：

$$F = 3N - (2P_L + P_H) = 3N - 2P_L - P_H$$

上式即平面机构自由度的计算公式。由公式可知，机构自由度 F 取决于活动构件的数目以及运动副的性质和数目。

（三）机构具有确定运动的条件

通过平面机构自由度公式可以看出，如果机构的自由度等于或小于零，所有构件就不能运动，因此，就构不成机构（称为刚性桁架）。

当机构自由度大于零时，如果机构自由度等于原动件数，机构具有确定的相对运动；如果机构自由数大于原动件数，机构运动不确定。

因此，机构具有确定运动的充分必要条件是：机构的自由度必须大于零，且原动件的数目必须等于机构自由度数，即：机构的原动件数=机构的自由度>0。

（四）机构自由度计算中几种特殊情况的处理

1. 复合铰链

两个以上的构件在同一处以回转副相连接则形成复合铰链。如图 3-6（a）所示，A处的符号容易被误认为是一个转动副，若观察它的侧视图，如图 3-6（b）所示，则可以看出构件 1、构件 2、构件 3 在 A 处构成了两个同轴的转动副。所以，复合铰链是指重合在一起的多个回转副，在机构运动简图上表示为多个构件集中于一点。计算机构自由度时应注意识别复合铰链，判定复合铰链的关键在于确定在该点参与形成回转副的构件。可以推证，由 k 个构件组成的复合铰链应含有（k−1）个回转副。

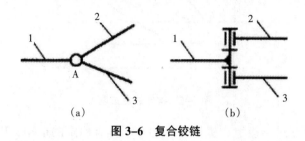

（a）　　　　　　　　　　（b）

图 3−6　复合铰链

2. 局部自由度

机构中常出现一种与机构的主要运动无关的自由度，称为局部自由度，在分析机构自由度时不应计算在内。

如图 3−7(a) 所示，构件 3 是滚子，它能绕 C 点做独立的运动，不论该滚子是否转动，转快或转慢，都不影响整个机构的运动。这种不影响整个机构运动的、局部的独立运动，称为局部自由度。在计算机构自由度时，应将滚子 3 与杆 2 看成是固定在一起的一个构件，请注意在去除滚子的同时，回转副也应同时去除，这就相当于使机构的自由度数减少了一个，即消除了局部自由度。

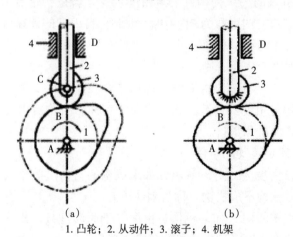

（a）　　　　　　　　　　（b）

1. 凸轮；2. 从动件；3. 滚子；4. 机架

图 3−7　局部自由度

3. 虚约束

在机构中与其他约束重复而不起限制运动作用的约束称为虚约束。在计算机构自由度时，应当去除不计。

平面机构的虚约束常出现于下列情况中：

（1）被连接件上点的轨迹与机构上连接点的轨迹重合时，这种连接将出现虚约束，如图 3−8 所示。

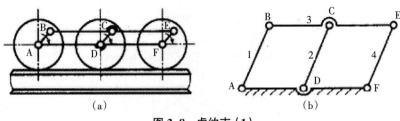

图 3-8　虚约束（1）

（2）机构运动时，如果两构件上两点间距离始终保持不变，将此两点用构件和运动副连接，则会带进虚约束，如图 3-9 所示的 A、B 两点。

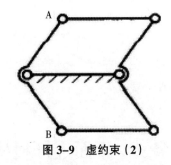

图 3-9　虚约束（2）

（3）如果两个构件组成的移动副如图 3-10(a) 所示相互平行，或两个构件组成多个轴线重合的转动副时，如图 3-10(b) 所示，只需考虑其中一处，其余各处带进的约束均为虚约束。

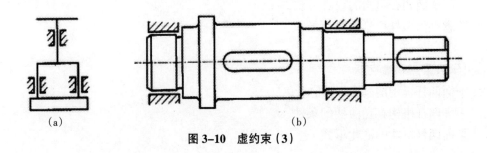

图 3-10　虚约束（3）

（4）机构中对运动不起限制作用的对称部分，如图 3-11 所示齿轮系，中心轮 1，通过齿轮 2、齿轮 2′、齿轮 2″、驱动内齿轮，齿轮 2′ 和齿轮 2″ 中有两个齿轮对传递运动不起独立作用，从而引入了虚约束。

虚约束对机构运动虽然不起作用，但可以增加构件的刚性，增强传力能力，因而在机构中经常出现。

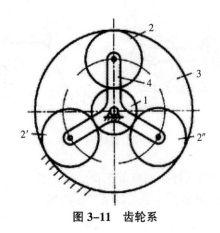

图 3-11 齿轮系

【知识应用】

吊扇的扇叶与吊架、书桌的桌身与抽屉、机车直线运动时的车轮与路轨，各组成哪一类的运动副？分别用运动副符号表示。

任务 2 平面连杆机构

【学习目标】

掌握平面四杆机构的基本形式、特性、曲柄存在条件；

了解平面四杆机构的设计方法；

熟悉平面四杆机构的演化形式。

【学习重点和难点】

平面四杆机构的基本形式；

平面四杆机构存在曲柄的条件；

平面四杆机构的演化形式。

【任务导入】

平面连杆机构是许多构件用低副连接组成的平面机构。由于低副是面接触，故耐磨损，且制造简便，易于获得较高的制造精度；又由于两构件间的接触靠其自身的几何封闭来实现，故结构较简单；加之构件基本形状是杆状，便于实现远距离的运动传动；各构件运动形式多种多样便于实现构件间的运动形式转换等。因此，平面连杆机构被广泛地应用于各种机械和仪表中，例如活塞式航空发动机、牛头刨床等。连杆机构的缺点是：低副中存在间隙，构件和运动副数目较多会引起运动累积误差，且机构的设计较复杂，不易精确地实现复杂的运动规律。

【相关知识】

最简单的平面连杆机构由四个构件组成,称为平面四杆机构。它的应用非常广泛,而且是组成多杆机构的基础。因此,本任务着重介绍平面四杆机构的基本类型、特性及演化方法。

一、平面四杆机构的基本形式

四个构件全部用转动副相连的平面四杆机构,称为铰链四杆机构,如图 3-12 所示。机构中与机架 4 相连的构件 1、构件 3 称为连架杆,其中能绕机架做整周转动的连架杆称为曲柄,只能绕机架做摆动的连架杆称为摇杆,不与机架相连的构件 2 称为连杆,连杆连接着两个连架杆。

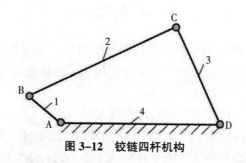

图 3-12　铰链四杆机构

铰链四杆机构根据其两连架杆运动形式的不同,可分为三种基本类型,即曲柄摇杆机构、双曲柄机构和双摇杆机构。

(一) 曲柄摇杆机构

在铰链四杆机构中,若两个连架杆中有一个为曲柄,另一个为摇杆,就称为曲柄摇杆机构。一般曲柄为原动件,连杆摇杆为从动件。如图 3-13(a) 所示的雷达天线摇摆机构,如图 3-13(b) 所示的家用缝纫机踏板机构 (摇杆为主动件)。

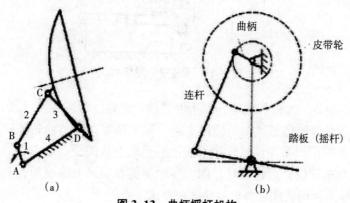

(a)　　　　　　　　　　　　(b)

图 3-13　曲柄摇杆机构

(二) 双曲柄机构

在铰链四杆机构中,若两个连架杆都为曲柄,则称为双曲柄机构。如图 3-14(a)

所示的振动筛的双曲柄机构可以将曲柄 AB 的匀角速转动变成曲柄 CD 的变角速转动。

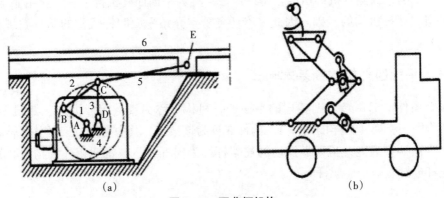

图 3-14　双曲柄机构

在双曲柄机构中，用得最多的是平行双曲柄机构，这种机构的对边两构件长度相等。如图 3-14(b) 所示的工程车的平行双曲柄机构可保证载人升降台平稳升降。

（三）双摇杆机构

两连架杆均为摇杆的铰链四杆机构称为双摇杆机构。

图 3-15 所示为起重机机构，当摇杆 CD 摇动时，连杆 BC 上悬挂重物的 M 点做近似的水平直线移动，从而避免了重物平移时因不必要的升降而发生事故和损耗能量。

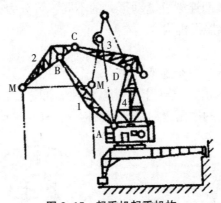

图 3-15　起重机起重机构

两摇杆长度相等的双摇杆机构，称为等腰梯形机构。如图 3-16 所示，轮式车辆的前轮转向机构就是等腰梯形机构的应用实例。车子转弯时，与前轮轴固联的两个摇杆的摆角 β 和 δ 不等。如果在任意位置都能使两前轮轴线的交点 P 落在后轮轴线的延长线上，则当整个车身绕 P 点转动时，四个车轮都能在地面上纯滚动，避免轮胎因滑动而损伤。等腰梯形机构就能近似地满足这一要求。

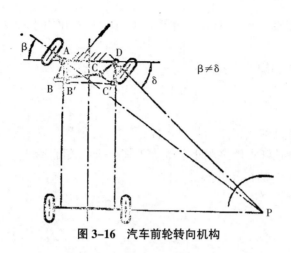

图 3-16 汽车前轮转向机构

二、平面四杆机构存在曲柄的条件和基本特征

(一) 平面四杆机构的曲柄存在条件

平面四杆机构中是否存在曲柄，取决于机构各杆的相对长度和机架的选择。首先，分析存在一个曲柄的平面四杆机构（曲柄摇杆机构）。如图 3-17 所示的机构中，杆 1 为曲柄，杆 2 为连杆，杆 3 为摇杆，杆 4 为机架，各杆长度分别以 l_1、l_2、l_3、l_4 表示。为了保证曲柄 1 整周回转，曲柄 1 必须能顺利通过与机架 4 共线的两个位置 AB′ 和 AB″。

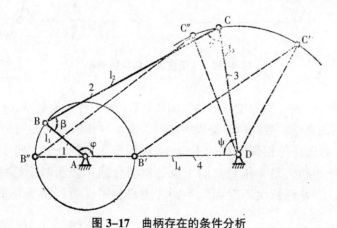

图 3-17 曲柄存在的条件分析

当曲柄处于 AB′ 的位置时，形成三角形 B′ C′ D。根据三角形两边之和必大于（极限情况下等于）第三边的定律，可得：

$$l_2 \leqslant (l_4 - l_1) + l_3$$
$$l_3 \leqslant (l_4 - l_1) + l_2$$

即：

$$l_1 + l_2 \leqslant l_3 + l_4$$
$$l_1 + l_3 \leqslant l_2 + l_4$$

当曲柄处于 AB″ 位置时，形成三角形 B″ C″ D。可写出以下关系式：

$$l_1 + l_4 \leqslant l_2 + l_3$$

将以上三式两两相加可得：

$$l_1 \leqslant l_2 \quad l_1 \leqslant l_3 \quad l_1 \leqslant l_4$$

上述关系说明：

（1）在曲柄摇杆机构中，曲柄是最短杆；

（2）最短杆与最长杆长度之和小于或等于其余两杆长度之和。

以上两个条件是曲柄存在的必要条件。

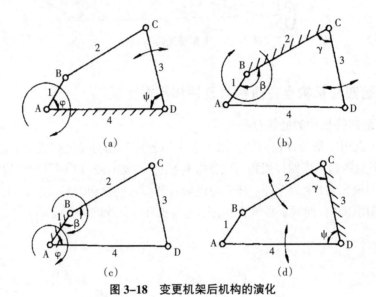

图 3-18　变更机架后机构的演化

　　下面进一步分析各杆间的相对运动。图 3-18 中最短杆 1 为曲柄，φ、β、γ 和 ψ 分别为相邻两杆间的夹角。当曲柄 1 整周转动时，曲柄与相邻两杆的夹角 φ、β 的变化范围为 0°~360°；而摇杆与相邻两杆的夹角 γ、ψ 的变化范围小于 360°。根据相对运动原理可知，连杆 2 和机架 4 相对曲柄 1 也是整周转动；而相对于摇杆 3 做小于 360° 的摆动。因此，当各杆长度不变而取不同杆为机架时，可以得到不同类型的铰链四杆机构。例如：

　　（1）取最短杆相邻的构件（杆 2 或杆 4）为机架时，最短杆 1 为曲柄，而另一连架杆 3 为摇杆，故图 3-18(a)、图 3-18(b) 所示的两个机构均为曲柄摇杆机构；

　　（2）取最短杆为机架，其连架杆 2 和 4 均为曲柄，故图 3-18(c) 所示为双曲柄机构；

　　（3）取最短杆的对边（杆 3）为机架，则两连架杆 2 和 4 都不能做整周转动，故图 3-18(d) 所示为双摇杆机构。

　　如果铰链四杆机构中的最短杆与最长杆长度之和大于其余两杆长度之和，则该机构中不可能存在曲柄，无论取哪个构件作为机架，都只能得到双摇杆机构。

　　由上述分析可知，最短杆和最长杆长度之和小于或等于其余两杆长度之和是铰链四杆机构存在曲柄的必要条件。满足这个条件的机构究竟有一个曲柄、两个曲柄或没有曲柄，还需根据取何杆为机架来判断。

(二)急回特性

如图3-19所示为一曲柄摇杆机构，其曲柄AB在转动一周的过程中，有两次与连杆BC共线。在这两个位置，铰链中心A与C之间的距离AC_1和AC_2分别为最短和最长，因而摇杆CD的位置C_1D和C_2D分别为两个极限位置。摇杆在两极限位置间的夹角ψ称为摇杆的摆角。

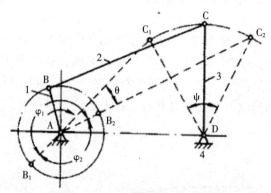

图3-19 曲柄摇杆机构的急回特性

由图3-19可以看出，曲柄转动一周，其两个转角φ_1和φ_2为：

$$\varphi_1 = 180° + \theta$$

$$\varphi_2 = 180° - \theta$$

式中，θ为摇杆位于两极限位置时，曲柄两位置所夹的锐角，称为极位夹角。

摇杆由位置C_2D摆回到位置C_1D，其摆角仍然是ψ。虽然摇杆来回摆动的摆角相同，但对应的曲柄转角却不等（$\varphi_1 > \varphi_2$）；当曲柄匀速转动时，对应的时间也不等（$t_1 > t_2$），这反映了摇杆往复摆动的快慢不同。

令摇杆自C_1D摆至C_2D为工作行程，这时铰链C的平均速度是$V_1 = C_1C_2/t_1$；摆杆自C_2D摆回到C_1D为空回行程，这时C点的平均速度是$V_2 = C_1C_2/t_2$，$V_1 < V_2$，即摇杆往复摆动的速度不同，一慢一快，这样的运动称为急回运动。牛头刨床、往复式运输机等机械利用这种急回运动特性来缩短非生产时间，提高生产率。

急回运动特性可用行程速比系数K表示，即：

$$K = \frac{V_1}{V_2} = \frac{C_1C_2/t_2}{C_1C_2/t_1} = \frac{t_1}{t_2} = \frac{\varphi_1}{\varphi_2} = \frac{180° + \theta}{180° - \theta}$$

由以上分析可知：曲柄摇杆机构的急回运动性质，取决于极位夹角θ。若θ=0，K=1，则该机构没有急回运动性质；若极位夹角θ越大，K值越大，则急回运动的性质也越显著。但机构运动的平稳性也越差。因此在设计时，应根据其工作要求，恰当地选择K值，在一般机械中1 < K < 2。

（三）死点位置

对于图 3-19 所示的曲柄摇杆机构，如以摇杆 3 为原动件，而曲柄 1 为从动件，则当摇杆摆到极限位置 C_1D 和 C_2D 时，连杆 2 与曲柄 1 共线，若不计各杆的质量，则这时连杆加给曲柄的力将通过铰链中心 A，即机构处于压力角 α=90°（传力角 γ=0）的位置，此时驱动力的有效力为 0。此力对 A 点不产生力矩，因此不能使曲柄转动。机构的这种位置称为死点位置。死点位置会使机构的从动件出现卡死或运动不确定的现象。出现死点对传动机构来说是一种缺陷，这种缺陷可以利用回转机构的惯性或添加辅助机构来克服。例如，家用缝纫机的脚踏机构，就是利用皮带轮的惯性作用使机构能通过死点位置。

但在工程实践中，有时也常常利用机构的死点位置来实现一定的工作要求，如图 3-20 所示的工件夹紧装置，当工件 5 需要被夹紧时，就是利用连杆 BC 与摇杆 CD 形成的死点位置，这时工件经杆 1、杆 2 传给杆 3 的力，通过杆 3 的传动中心 D。此力不能驱使杆 3 转动。故当撤去主动外力 P 后，在工作反力 N 的作用下，机构不会反转，工件依然被可靠地夹紧。

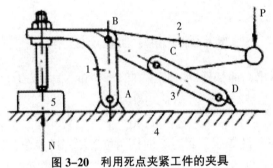

图 3-20 利用死点夹紧工件的夹具

在生产中，也可以利用机构在死点位置的自锁性能，使机构具有安全保险作用。如图 3-21 所示的飞机起落架机构，轮子着陆后，构件 AB 和 BC 成一直线，传给构件 AB 的力通过铰链中心 A 点，不论该力多大，都不会使起落架折回。

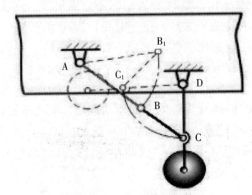

图 3-21 飞机起落架机构

（四）压力角和传动角

在机构中，如图 3-22 所示曲柄摇杆机构，若不考虑惯性力和运动副中的摩擦力等因素的影响，则当曲柄作为原动件时，通过连杆作用于从动摇杆上的力 P 沿 BC 方向，其力的作用线与力作用点 C 的绝对速度 v_C 之间所夹的锐角 α 称为压力角。压力角 α 愈小对机构工作愈有利。

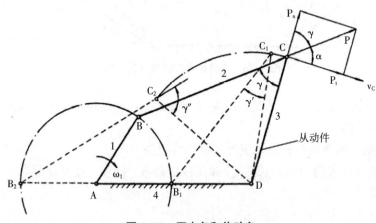

图 3-22 压力角和传动角

力 P 与 P_n 的夹角 γ（连杆 BC 与摇杆 CD 所夹角）称为传动角。由图可知，α + γ = 90°，故 α 越小则 γ 越大，对工作越有利。由于传动角可以从机构运动简图上直接观察到其大小，所以，在设计中常用 γ 来衡量机构的传动性能。

三、平面四杆机构的图解法设计

平面四杆机构的设计方法有两种：图解法和解析法。图解法具有简单易行和几何关系清楚的优点，但精确程度较低；解析法精度很高，但比较抽象，直观性差，而且求解过程复杂。设计时，应根据具体情况选择合适的设计方法。本书只介绍图解法的平面四杆机构设计问题。

（一）按给定的连杆三个位置设计平面四杆机构

如图 3-23 所示，假设须使平面四杆机构的连杆能在运动中占据确定的位置 S_1、S_2 和 S_3，即要求确定两连架杆的固定铰链中心 A、D 及活动铰链中心 B、C 的位置。由于活动铰链点的运动轨迹应是圆或圆弧，而该圆的圆心就是固定铰链的中心，所以按连杆给定的位置设计四杆机构的问题的关键是要在连杆上求得一点，该点在连杆依次占据预定位置的过程中所占据的点应位于同一圆周上。现举例说明如下：

设已知图 3-23 所示机构的连杆 BC 的长度和预定的三个位置 $B_1C_1(S_1)$、$B_2C_2(S_2)$ 和 $B_3C_3(S_3)$，试设计此四杆机构。

由于已知连杆的长度，所以可以在连杆上定出两点 B、C 作为活动铰链的中心。在连杆依次占据给定的三个位置的过程中，B、C 两点的轨迹都应是圆弧。作 B_1B_2 和 B_2B_3 的垂直平分线 b_{12} 和 b_{23}，其交点即为固定铰链中心 A 的位置；同理，分别作 C_1C_2 和

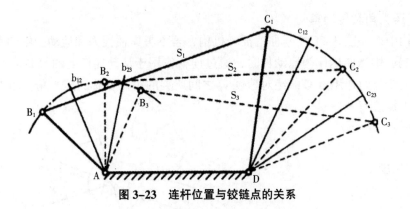

图 3-23　连杆位置与铰链点的关系

C_2C_3 的垂直平分线 c_{12} 和 c_{23}，其交点即为固定铰链中心 D 的位置。连接 AB_1 和 C_1D 即得所设计的四杆机构。

（二）按给定的急回特性系数设计平面四杆机构

已知曲柄摇杆机构的摇杆长度 l_{CD} 和摇杆摆角 ψ，行程速度变化系数 K，试确定其余三个构件尺寸。

由行程速度变化系数 K 的定义式可得：

$$\theta = 180°(K - 1)/(K + 1)$$

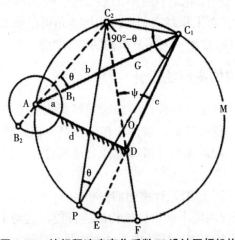

图 3-24　按行程速度变化系数 K 设计四杆机构

如图 3-24 所示，机构设计步骤为：

（1）任取一点 D，并由此作等腰三角形 C_1DC_2，使两腰之长等于 l_{CD}/μ_1，$\angle C_1DC_2 = \psi$；作 $C_2P \perp C_1C_2$，再作 $\angle C_2C_1P = 90° - \theta$，则在点 D 一侧求得点 P；由于 $\triangle C_2C_1P$ 是直角三角形，所以 $\angle C_2PC_1 = \theta$。

（2）作直角三角形 $\triangle C_2C_1P$ 的外接圆 M，延长 C_1D、C_2D 与圆 M 分别相交于 E、F 两点，则可在弧 C_2PE 或弧 C_1MF 上任选一点 A 作为曲柄的固定铰链点 A。连接 AC_1、AC_2，显然有 $\angle C_1AC_2 = \theta$，由于：

$$AC_1 = a + b$$

$$AC_2 = b - a$$

式中，a 为曲柄长度；b 为连杆长度。

故，$a = (AC_1 - AC_2)/2$，$b = (AC_1 + AC_2)/2$

因此，作图时可直接以 A 为圆心，AC_2 为半径作弧交 AC_1 于 G 点，则 $a = GC_1/2$。

（3）最后，以 A 为圆心，a 为半径作弧交 AC_1 于 B_1 点，则四杆机构 AB_1C_1D 便是所要求的机构，如图 3-24 所示。

点 A 也可以在弧 C_1MF 上选取，结果相同。

由于点 A 是在圆 M 上任意选取的，因此可有无穷多解，这时可借助于其他辅助条件，例如机架长度、限定最小传动角等，取满意的值。

四、平面四杆机构的演化形式

在实际机械应用中，仅用平面四杆机构的基本形式，难以满足各种不同场合的需求。所以，实践中就在基本形式的基础上，通过演化得到一系列机构，以满足各种需求。

（一）曲柄滑块机构

如图 3-25（a）所示，曲柄摇杆机构的铰链中心 C 的轨迹可以看作是以 D 为圆心、以 l_3 为半径的圆弧 mn。若 l_3 增至无穷大，如图 3-25（b）所示，则 C 点轨迹变为直线，于是摇杆 3 演变为直线运动的滑块，转动副 D 演化为移动副，机构演化为曲柄滑块机构，如图 3-25(c) 所示。

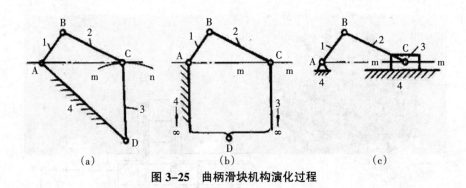

图 3-25 曲柄滑块机构演化过程

如图 3-26 所示的内燃机、冲压机、滚轮送料机，都是曲柄滑块机构的应用实例。

（二）偏心轮机构

如图 3-27(a) 所示的曲柄摇杆机构中，当主动曲柄 AB 很短时，从强度、工艺、装配方面考虑，需将转动副 B 扩大，使转动副 B 包含转动副 A，此时机构演变为偏心轮机构。如图 3-27(b) 所示，偏心轮几何中心 B 与转动中心 A 之间的距离 e 称为偏心距，即原曲柄摇杆机构中曲柄的长度。

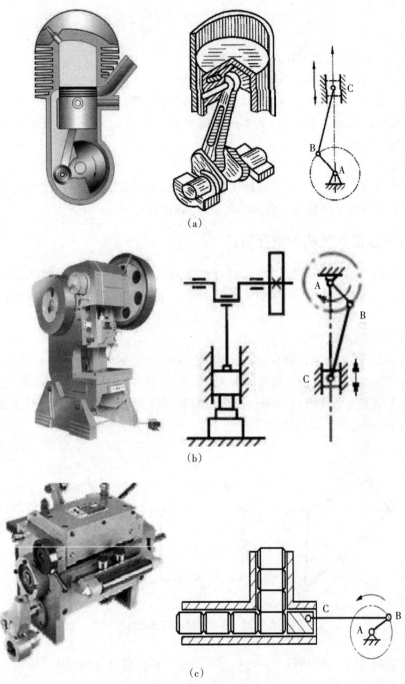

(a)

(b)

(c)

图 3-26 曲柄滑块机构的应用

同理，可将图 3-28(a) 所示的曲柄滑块机构中的转动副 B 扩大，得到图 3-28(c) 所示的偏心轮机构。

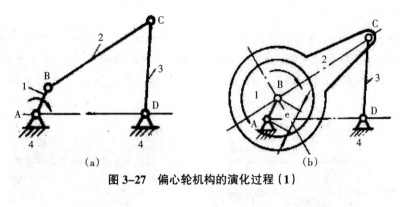

图 3-27　偏心轮机构的演化过程（1）

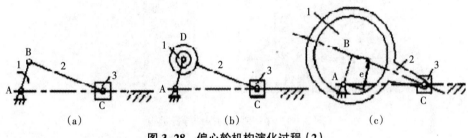

图 3-28　偏心轮机构演化过程（2）

　　把曲柄做成偏心轮，增大了轴颈的尺寸，提高偏心轴的强度和刚度，而且当轴颈位于轴的中部时，便于安装整体式连杆，使结构简化，偏心轮机构广泛应用于曲柄销轴受较大冲击载荷或曲柄长度较短的机械中，如破碎机、冲床、剪床等。

　　（三）导杆机构

　　机构中与另一运动构件组成移动副的构件称为导杆。机构中至少有一个构件为导杆的平面四杆机构称为导杆机构。导杆机构可以看成是由改变曲柄滑块机构中固定件的位置演化而成。

　　如图 3-29 所示，在曲柄滑块机构的基础上，取不同的构件作为机架，则分别可得到曲柄滑块机构、摆动导杆机构、摇块机构和定块机构。

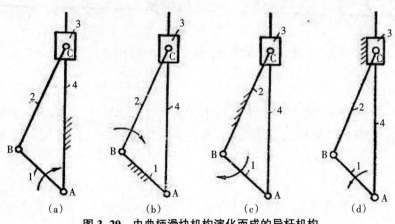

图 3-29　由曲柄滑块机构演化而成的导杆机构

1. 摆动导杆机构

将图 3-29(a) 所示的曲柄滑块机构的曲柄 1 改为机架，如图 3-29(b) 所示，此时杆件 4 称为导杆，杆件 2 为原动件，滑块 3 相对导杆 4 滑动并一起绕 A 点转动，称为摆动导杆机构。此机构具有很好的传力性能，故常用于牛头刨床（见图 3-30）、插床和回转式油泵之中。

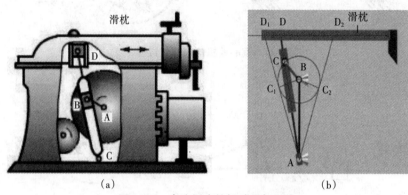

图 3-30　牛头刨床的摆动导杆机构

2. 摇块机构

在图 3-29(a) 所示的曲柄滑块机构中，若取杆 2 为固定件，即可得图 3-29(c) 所示的摆动滑块机构，或称摇块机构。这种机构广泛应用于摆缸式内燃机和液压驱动装置中。如图 3-31 所示的前举升自卸汽车，它的翻转卸料机构就是这种摇块机构，当油缸中的压力油推动活塞杆运动时，车厢便绕回转副中心倾斜，实现物料自动卸下。

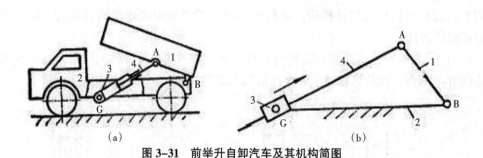

图 3-31　前举升自卸汽车及其机构简图

3. 定块机构

在图 3-29(a) 所示的曲柄滑块机构中，若取杆 3 为固定件，即可得图 3-29(d) 所示的移动导杆机构，或称为定块机构。这种机构常用于如图 3-32 所示抽水唧筒等机构中。

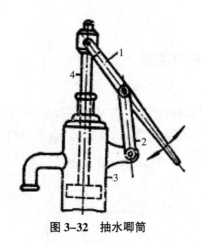

图 3-32　抽水唧筒

【知识应用】

（1）请从生活、生产中分别列举曲柄摇杆机构、双曲柄机构和双摇杆机构的实例，并分析其工作过程。

（2）列举生活中应用死点特性的实例。

任务 3　凸轮机构

【学习目标】

掌握凸轮机构的组成、应用、分类和特点；

熟悉凸轮从动件的常用运动规律；

了解凸轮机构的结构、常用材料。

【学习重点和难点】

凸轮机构的分类；

凸轮机构的运动分析；

凸轮机构从动件的常用运动规律。

【任务导入】

在实际生产中，经常要求机构实现某种特殊的或者复杂的运动规律，由于凸轮机构能很好地实现这些要求，且凸轮机构自身简单、紧凑，因此它被广泛应用于自动化机构和半自动化机械中。

【相关知识】

一、凸轮机构的应用与类型

（一）组成与应用

凸轮是一种具有曲线轮廓或凹槽，与从动件接触，当凸轮运动（旋转或移动）时，推动从动件按任意给定的运动规律运动的机构。通常由凸轮、从动件和机架三个基本构件组成，是一种高副机构。

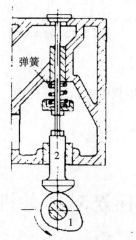

图 3-33　内燃机配气凸轮机构

图 3-33 为内燃机配气凸轮机构。凸轮 1 以等角速度回转时，它的轮廓驱动从动件 2（阀杆）按预期的运动规律启闭阀门。

图 3-34 为绕线机中用于排线的凸轮机构。当绕线轴 3 快速转动时，绕轴线上的齿轮带动凸轮 1 缓慢地转动，通过凸轮轮廓与尖顶 A 之间的作用，驱使从动件 2 往复摇动，因而使线均匀地绕在绕线轴上。

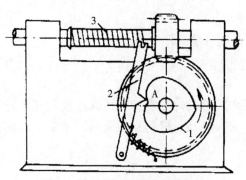

图 3-34　绕线机中排线凸轮机构

如图 3-35 所示靠模机构中，当刀架 2 左右移动时，在弹簧力作用下，滚子始终与靠模 3 的工作曲面接触，使刀尖按靠模曲线的形状运动，从而加工出和靠模曲线相同的工作轮廓。

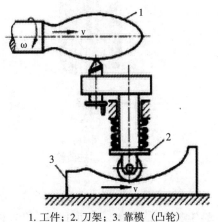

1. 工件；2. 刀架；3. 靠模（凸轮）
图 3-35　其他凸轮机构应用

凸轮机构有其突出的特点：

（1）机构紧凑、设计较方便；

（2）便于准确地实现给定的运动规律；

（3）凸轮机构可以高速启动，动作准确可靠；

（4）凸轮与从动件为高副接触，不便润滑，容易磨损，为延长使用寿命，传递动力不宜过大；

（5）凸轮轮廓曲线不宜加工。

（二）凸轮机构的分类

1. 按凸轮的形状分类

（1）盘形凸轮：它是凸轮的最基本形式。这种凸轮是一个绕固定轴转动并且具有变化半径的盘形零件。如图 3-33 和图 3-34 所示。

（2）圆柱凸轮：圆柱凸轮是在一个圆柱上开有曲线凹槽，或是在圆柱端面上作出曲线轮廓（见图 3-36）。它可以看作是将移动凸轮卷成圆柱体演化而成的。

（3）移动凸轮：当盘形凸轮的回转中心趋于无穷远时，凸轮相对机架做直线运动，这种凸轮称为移动凸轮，如图 3-35 所示。

盘形凸轮和移动凸轮与从动件之间的相对运动为平面运动；而圆柱凸轮与从动件之间的相对运动为空间运动。所以前者属于平面凸轮机构，后者属于空间凸轮机构。

2. 按从动件的形状分类

从动件又称推杆，常见形式有以下三种：

（1）尖顶从动件：如图 3-37(a) 所示，这种从动件结构最简单，尖顶能与任意复杂的凸轮轮廓保持接触，以实现从动件的任意运动规律。但因尖顶与凸轮轮廓之间为点

1. 圆柱凸轮；2. 推杆；3. 支座
图 3-36　圆柱凸轮

接触，接触应力大，易磨损，仅适用于低速、轻载的场合，如仪表机构中。

（2）滚子从动件：如图 3-37（b）所示，从动件的一端装有可自由转动的滚子，滚子与凸轮之间为滚动摩擦，磨损小，可以承受较大的载荷，因此，应用最普遍。但滚子半径取得不合适时会使从动件产生运动失真。

（3）平底从动件：如图 3-37（c）所示，从动件的一端为一平面，直接与凸轮轮廓相接触。若不考虑摩擦，凸轮对从动件的作用力始终垂直于端平面，传动效率高，且接触面间容易形成油膜，利于润滑，故常用于高速凸轮机构。它的缺点是不能用在凸轮轮廓有凹曲线的凸轮机构中。

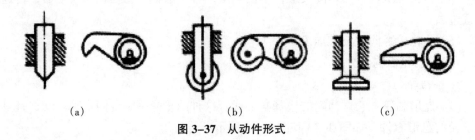

（a）　　　　　　　　（b）　　　　　　　　（c）
图 3-37　从动件形式

3. 按从动件的运动形式分类（见表 3-4）

表 3-4　按从动件分类的凸轮机构

从动杆类型	尖端	滚子	平底	曲面
对心移动从动杆				

从动杆类型	尖端	滚子	平底	曲面
偏置移动从动杆				
摆动从动杆				

（1）移动从动件：从动件相对机架做往复直线运动；

（2）偏移放置：即不对心放置的移动从动件，相对机架做往复直线运动；

（3）摆动从动件：从动件相对机架做往复摆动。

为了使凸轮与从动件始终保持接触，可以利用重力、弹簧力或依靠凸轮上的凹槽来实现。

二、凸轮机构从动件的常用运动规律

（一）凸轮机构的运动分析

如图 3-38 所示为一对心直动尖顶从动件盘形凸轮机构运动过程。图 3-38（a）中，以凸轮的最小半径 r_0 为半径所做的圆称为凸轮的基圆，r_0 为基圆半径。当从动件与凸轮轮廓上的 A 点相接触时，从动件处于距凸轮回转中心最近的位置，称为起始位置。从动件离轴心最近的位置 A 到最远的位置 B 间移动的距离为 h，称为行程。图 3-38（b）为凸轮机构的从动件位移曲线。

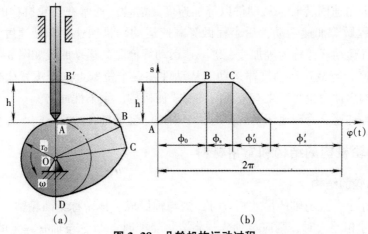

图 3-38 凸轮机构运动过程

（1）推程，当凸轮以角速度按逆时针等速转动时，从动件尖顶被凸轮轮廓由最低点 A 推至最高点 B′，这一行程称为推程，凸轮相应转过的角度称为推程运动角。从动件在推程做功，称为工作行程。

（2）远停程，凸轮继续转动，从动件尖顶在最高点 B′ 停留不动，称为远停程。此时凸轮转过的角度，称为远停程角。

（3）回程，凸轮继续转动，从动件在重力或弹簧压力作用下由最高点 B′ 回到最低点 A，这一行程称为回程，凸轮相应转过的角度称为回程运动角。从动件在回程不做功，称为空回行程。

（4）近停程，凸轮继续转动，从动件停留在离凸轮轴心最近的位置 A，称为近停程，此时凸轮转过的角度称为近停程角。

凸轮转过一周，从动件经历推程、远停程、空回行程、近停程四个运动阶段，是典型的升—停—回—停的双停歇循环，从动件也可以是一次停歇或没有停歇的循环。

（二）从动件常用的运动规律

从动件的运动规律是指从工件在运动过程中，其位移 s、速度 v、加速度 a 随时间 t 的变化规律。由于凸轮一般以角速度等速转动，故其转角与时间 t 成正比，所以从动件的运动规律常表示为上述运动参数随凸轮转角变化的规律。

从动件常用的运动规律有等速运动规律，等加速、等减速运动规律，简谐（余弦加速度）运动规律等。

1. 等速运动规律

凸轮以等角速度回转时，从动件的运动速度等于常数 v（加速度 a=0），这种运动规律称为等速运动规律。其运动曲线如图 3-39 所示。

等速运动从动件在行程的始终没有速度突变，理论上该处加速度为无穷大，会产生极大的惯性力，导致机构产生强烈的刚性冲击。

因此，这种运动规律只适合于低速、轻载的传动场合。

2. 等加速、等减速运动规律

凸轮以等角速回转时，从动件以等加速度 a 运动。通常在凸轮机构的推程（或回程）的前半程做等加速运动，后半程做等减速运动，且加速度和减速度绝对值相等，这样的从动件运动规律称为等加速、等减速运动规律。其运动曲线如图 3-40 所示。

按等加速、等减速运动规律运动的从动件在三个位置上加速度发生有限值突变，因而从动件的惯性力也将产生有限值的突变，使机构产生柔性冲击。

因此，等加速、等减速运动规律适用于中速、轻载场合。

三、凸轮机构的结构和常用材料

（一）凸轮的结构

凸轮尺寸小，且与轴的尺寸相近时，则与轴做成一体，称为凸轮轴。凸轮尺寸大，且与轴的尺寸相差大时，则应与轴分开制造。装配时，凸轮与轴有一定的相对位置要求。根据设计要求，在凸轮上刻出起始位置或其他标志，作为加工和装配的基准。对

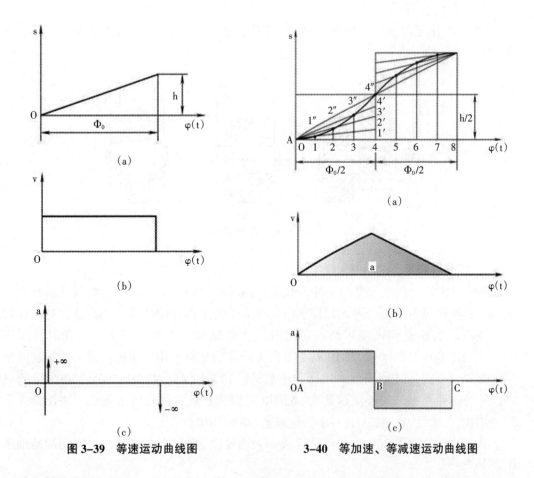

图 3-39 等速运动曲线图   3-40 等加速、等减速运动曲线图

于要求凸轮位置沿轴的圆周方向可调时，宜采用图 3-41(a) 所示结构。初调时，用螺钉定位，调好后用锥销固定；也可采用图 3-41(b) 所示结构，用开槽的锥形套筒与双螺母锁紧凸轮位置，但这种结构承载能力不大。图 3-41(c) 所示为凸轮与轴采用键连接，结构简单，但不可调。

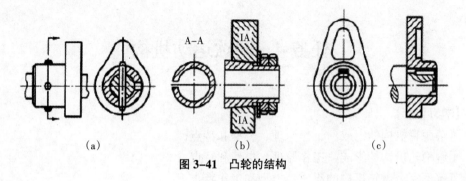

图 3-41 凸轮的结构

(二) 从动件的结构

从动件末端结构形式很多，常用的滚子结构如图 3-42 所示。滚子从动件的滚子可采用专门制造的圆柱体，如图 3-42(a)、图 3-42(b) 所示；也可采用滚动轴承，如图 3-

42（c）所示。滚子与从动件顶端可用螺栓连接，也可用小轴连接，但应保证滚子相对从动件能自由转动。

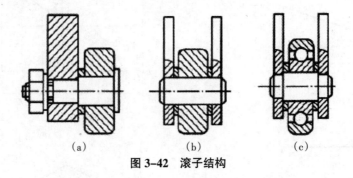

（a）　　　　　　　（b）　　　　　　　（c）

图 3-42　滚子结构

（三）凸轮和滚子的材料

凸轮工作时，往往承受的是冲击载荷，同时凸轮表面会有严重的磨损，其磨损值在轮廓上各点均不相同。因此，要求凸轮和滚子的工作表面硬度高、耐磨，对于经常受到冲击的凸轮机构还要求凸轮芯部有较大的韧性。当载荷不大、低速时可选用HT250、HT300、QT800-2、QT900-2等作为凸轮的材料。用球墨铸铁时，轮廓表面须经热处理，以提高其耐磨性。中速、中载的凸轮常用45、40Cr、20Cr、20CrMn等材料，并经表面淬火，使硬度达到55~62HRC。高速、重载凸轮可用40Cr，表面淬火至56~60HRC；或用38CrMoAl，经渗氮处理至60~67HRC。

滚子的材料可用20Cr，经渗碳淬火，表面硬度达到56~62HRC，也可用滚动轴承作为滚子。

【知识应用】

试列举生活中凸轮机构应用的实例，分辨其属于何种类型的凸轮机构，并分析其工作过程。

任务 4　间歇运动机构

【学习目标】

了解棘轮机构的组成、工作原理、类型和特点；

了解槽轮机构的组成、工作原理、类型和特点；

了解不完全齿轮机构的组成、类型和工作特点。

【学习重点和难点】

棘轮机构的工作原理和类型应用；

槽轮机构的工作原理及类型应用。

【任务导入】

在机械和仪表中，常常需要原动件做连续运动，而从动件则产生周期性时动时停的间歇运动，实现这种间歇运动的机构称为间歇运动机构。

如图 3-43 所示的自动车床转塔刀架转位机构，由拨盘 1 和槽轮 2 所组成的外槽轮机构。转塔刀架装有六把刀具，与刀架连接在一起的槽轮开有六个径向槽，拨盘上装有一个圆销。拨盘每转一周，定位销进入径向槽一次，驱使槽轮转过 60°，将下一个工序的刀具转换到工作位置。槽轮机构在自动车床转塔刀架转位机构中的作用，就是实现刀具间歇的转换工作位置。

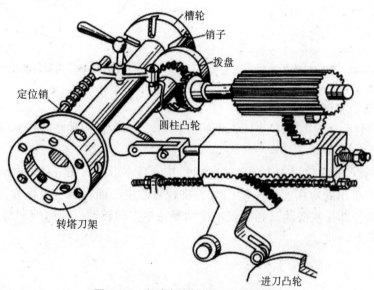

图 3-43　自动车床转塔刀架转位机构

【相关知识】

间歇运动机构很多，除了槽轮机构外，还有棘轮机构、凸轮机构、不完全齿轮机构等，它们都可以实现间歇运动。

一、棘轮机构

棘轮机构是工程上常用的间歇机构之一，广泛用于自动机械和仪表中。它是利用原动件做往复摆动，实现从动件间歇转动的机构。

（一）棘轮机构的组成及工作原理

典型的棘轮机构如图 3-44 所示。该机构由摇杆、驱动棘爪、棘轮、止动棘爪和机架组成。弹簧用以使止动棘爪和棘轮保持接触。棘齿分布在轮外缘（见图 3-44），也可分布在内缘（见图 3-45）或端面上。当摇杆逆时针摆动时，棘爪便插入棘轮的齿间，推动棘轮也沿着逆时针方向转过一定角度。当摇杆顺时针摆动时，止动棘爪阻止棘轮顺时针转动，同时棘爪在棘齿上滑过，故棘轮静止不动。这样，当摇杆连续往复摆动时，棘轮便得到单向间歇运动。

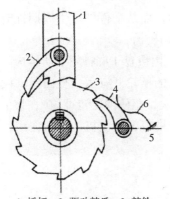

1. 摇杆；2. 驱动棘爪；3. 棘轮；
4. 止动棘爪；5. 机架；6. 弹簧
图 3-44　棘轮机构的组成

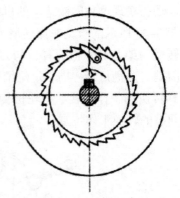

图 3-45　内棘轮机构

（二）棘轮机构的类型

棘轮机构的类型很多，按照工作原理可分为齿式棘轮机构和摩擦式棘轮机构。

1. 单动式棘轮机构

图 3-44 所示的棘轮机构为单动式棘轮机构的基本形式。图 3-46 所示的棘轮扳手是单动式棘轮机构的应用实例。使用时，将棘轮的中心插入具有方榫套筒的螺母上，用手扳动手柄使其往复摆动，利用棘爪推动棘轮单方向转动，从而拧动螺母，弹簧片要紧压在棘爪上。

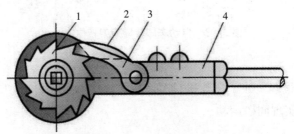

1. 棘轮；2. 弹簧片；3. 棘爪；4. 手柄
图 3-46　棘轮扳手

单动式棘轮机构的另一种形式是内啮合棘轮机构（见图 3-45）。图 3-47 所示为单动式棘轮机构被用作防止机器逆转的停止器，这种棘轮停止器广泛用于卷扬机、提升机和运输机等设备。

2. 双动式棘轮机构

双动式棘轮机构在摇杆两端铰接一长一短的两个棘爪，如图 3-48 所示。两个棘爪分别与棘轮轮齿面相接触，摇杆无论向哪个方向摆动，均可使棘轮朝同一个方向做间

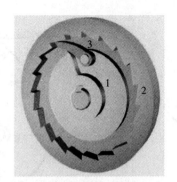

1. 棘轮；2. 棘轮；3. 棘爪

图 3-47　提升机的棘轮停止器

歇回转。在摇杆每个周期内，从动件动作两次，棘轮的动作周期短。此种棘爪可制成钩头的〔见图 3-48(a)〕或直推的〔见图 3-48(b)〕。

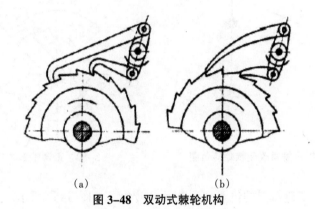

（a）　　　　　　　　　（b）

图 3-48　双动式棘轮机构

3. 双向棘轮机构

双向式棘轮机构又称可变向式棘轮机构，棘爪具有可翻转的功能，棘轮根据工作需要可顺、逆两个方向转动。如图 3-49 所示，若棘爪在图示的实线位置，当摇杆摆动时，棘轮做逆时针单向间歇运动；若棘爪在图示的虚线位置，当摇杆摆动时，棘轮做顺时针单向间歇运动。这种棘轮机构常用于牛头刨床工作台的进给装置中。

4. 摩擦式棘轮机构

如图 3-50 所示，这种机构通过棘爪与棘轮之间的摩擦力来实现传动，故也称为摩擦式棘轮机构。这种机构工作时噪声较小，但其接触面间容易发生滑动，因而不适合用于有传动精度和传递转矩要求的场合。

（三）棘轮转角的调节

根据棘轮机构的使用要求，常常需要调节棘轮转角的大小（即改变动停时间比）。调节的方法通常有两种：

（1）可通过改变摇杆摆动角度的大小来实现。如图 3-51 所示，用改变曲柄的长度来改变摇杆的摆角，进而改变棘轮转角。

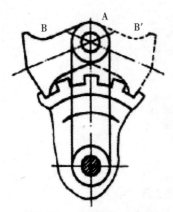

图 3-49　双向棘轮机构图

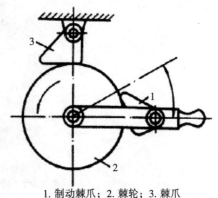

1. 制动棘爪；2. 棘轮；3. 棘爪

3-50　摩擦式棘轮机构

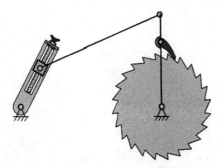

图 3-51　调整摇杆摆角改变棘轮转角图

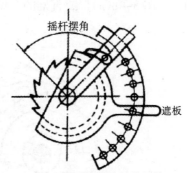

3-52　带调整罩的棘轮机构

（2）可通过改变遮盖罩的位置来调整棘轮转角，如图 3-52 所示。

（四）棘轮机构的特点及应用

棘轮机构具有如下特点：

（1）结构简单、加工容易；

（2）改变转角大小方便；

（3）可实现送进、制动及超越等功能；

（4）开始和终止会产生冲击且运动精度较差。

齿式棘轮机构常用于低速、轻载等场合实现间歇运动。摩擦式棘轮机构传递运动较平稳，但运动准确性差，不宜用于运动精度要求高的场合。

二、槽轮机构

（一）槽轮机构的组成及工作原理

槽轮机构又称马耳他机构，它是由槽轮、装有圆销的拨盘和机架组成的步进运动机构。如图 3-53 所示，它由带圆销 A 的主动拨盘，具有径向槽的从动槽轮和机架组成。拨盘做匀速转动时，驱动槽轮做时转时停的单向间歇运动。当拨盘上圆销 A 未进入槽轮径向槽时，由于槽轮的内凹锁止弧 β 被拨盘的外凸锁止弧 α 卡住，故槽轮静止。

图示位置是圆销 A 刚开始进入槽轮径向槽时的情况，这时锁止弧 β 刚被松开，因此槽轮受圆销 A 的驱动开始沿顺时针方向转动；当圆销 A 离开径向槽时，槽轮的下一个内凹锁止槽又被拨盘的外凸圆弧卡住，致使槽轮静止，直到圆销 A 在进入槽轮另一径向槽时，两者又重复上述的运动循环。

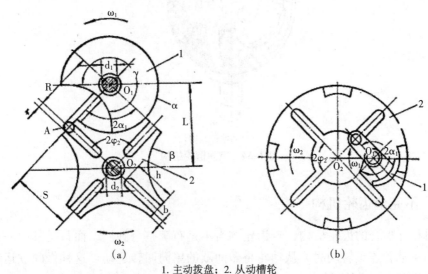

1. 主动拨盘；2. 从动槽轮

图 3-53 槽轮机构

（二）槽轮机构的类型

槽轮机构有平面槽轮机构（拨盘轴线与槽轮轴线平行）和空间槽轮机构（拨盘轴线与槽轮轴线相交）两大类。

1. 平面槽轮机构

平面槽轮机构可分为外啮合槽轮机构［见图 3-53(a)］和内啮合槽轮机构［见图 3-53(b)］。外啮合槽轮机构，其拨盘和槽轮的转向相反；内啮合槽轮机构，其拨盘和槽轮的转向相同。

2. 空间槽轮机构

图 3-54 所示为空间槽轮机构，槽轮呈半球形，槽和锁止弧均匀分布在球面上，原动件的轴线、销 A 的轴线都与槽轮的回转轴线会交于槽轮球心 O，故又称为球面槽轮机构。当原动件连续回转，槽轮做间歇转动。

（三）槽轮机构的特点和应用

槽轮机构具有以下特点：

（1）结构简单，外形尺寸小；

（2）机械效率高，能运动平稳地、间歇地进行转位；

（3）转角不能调节；

（4）在转动始、末，加速度变化较大，有冲击。

槽轮机构不适用于高速传动，一般用于转速不很高、转角不需要调节的自动转位和分度机械中。

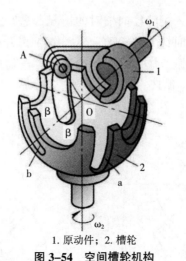

1. 原动件；2. 槽轮

图 3-54 空间槽轮机构

三、不完全齿轮机构

一对相互啮合的齿轮机构，若齿轮的齿不是布满整个圆周，而只是其中一部分有齿，则当主动轮连续转动时，从动轮将做间歇的单向回转运动。这种做间歇运动的齿轮机构称为不完全齿轮机构。

不完全齿轮机构有外啮合和内啮合两种类型，如图 3-55 所示。当从动轮停歇时，由锁止弧将它锁住，以便在开始啮合时能正确地与主动轮啮合，啮合终了时能停止在预定的位置上，并保证下一次的再度啮合。

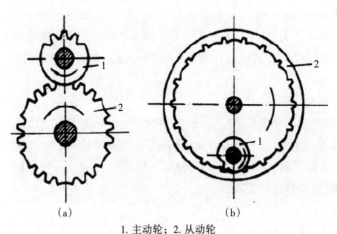

（a）　　　　　　　　　　　（b）

1. 主动轮；2. 从动轮

图 3-55 不完全齿轮机构

不完全齿轮机构有以下主要特点：

（1）较易满足不同停歇规律要求。因为不完全齿轮机构可设计（或选取）的参数较多，如两轮圆周上设想布满齿时的齿数；主、从动轮上锁止弧的数目及锁止弧间的齿数等均可在相当广的范围内自由选取。因而标志间歇运动特性的各参数，如主动轮每转一周，从动轮停歇的次数、从动轮每转一周停歇的次数、每次运动转过的角度、每次停歇的时间长短等，允许调整的幅度比槽轮机构大得多，故设计比较灵活。

（2）从动轮在运动全过程中并非完全等速，运动开始和终止时存在刚性冲击。不完全齿轮机构和普通齿轮机构的区别，不仅在轮齿的分布上，而且在啮合传动中，在首齿进入啮合至末齿退出啮合过程中，轮齿并非在实际啮合线上啮合，因而在此期间不能保证以定传动比传动。由于从动轮每次转动开始和终止时，角速度有突变，故存在刚性冲击。

基于以上特点，不完全齿轮机构一般只适用于低速、轻载的工作条件。如果用于高速、重载的工作条件，则需安装附加瞬心线机构来改善动力性能。

【知识应用】

（1）如图 3-56 所示为棘轮机构的应用实例，图 3-56(a) 为手动起重器，图 3-56(b) 为排球网拉紧机构，试利用所学知识分析图中两个案例的工作原理。

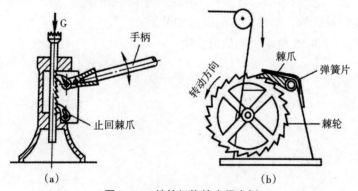

图 3-56　棘轮机构的应用实例

（2）如图 3-57 所示为电影放映机卷片机构，试分析其工作原理。

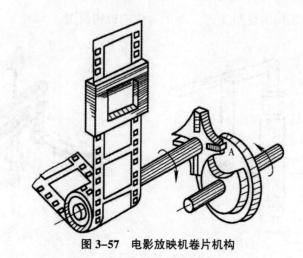

图 3-57　电影放映机卷片机构

复习与思考题

3–1. 机构具有确定运动的条件是什么？

3–2. 什么是连杆机构？连杆机构有什么优缺点？

3–3. 铰链四杆机构有哪几种基本形式？

3–4. 什么是曲柄？什么是摇杆？铰链四杆机构曲柄存在条件是什么？

3–5. 什么叫铰链四杆机构的压力角？压力角的大小对连杆机构的工作有何影响？

3–6. 凸轮机构的功用是什么？

3–7. 凸轮的种类有哪些？都适合什么工作场合？

3–8. 凸轮机构从动杆的运动速度规律有几种？各有什么特点？

3–9. 列举至少三项间歇运动机构在工业生产中的应用。

3–10. 简述棘轮机构、槽轮机构的组成和类型。

3–11. 试计算图 3–58 所示机构的自由度。

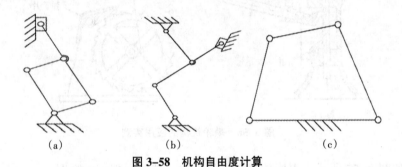

(a)　　　　　　　(b)　　　　　　　(c)

图 3–58　机构自由度计算

3–12. 根据所给机构示意图 3–59，画出对应的机构简图。

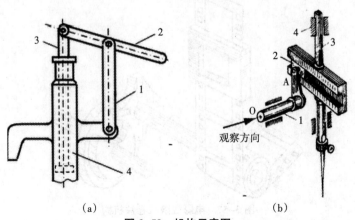

(a)　　　　　　　　　　(b)

图 3–59　机构示意图

3-13. 试判断下列机构属于何种类型的铰链四杆机构。

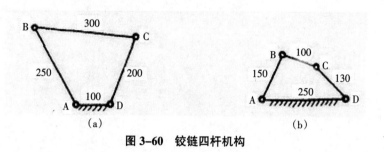

（a）　　　　　　　　（b）

图 3-60 铰链四杆机构

3-14. 如图 3-61 所示，已知杆 CD 为最短杆。若要构成曲柄摇杆机构，机架 AD 的长度至少取多少？

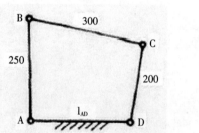

图 3-61 曲柄摇杆机构（图中长度单位为 mm）

项目四　机械传动

机械传动是指采用各种机构、传动装置和零件来传递运动和动力的传动方式。机械传动在机械工程中应用非常广泛，可分为两类：一是靠机构间的摩擦力传递运动或动力的摩擦传动，如带传动、摩擦轮传动等；二是靠主动件与从动件啮合或借助中间件啮合传递运动或动力的啮合传动，如齿轮传动、链传动、蜗杆传动等。

任务1　带传动

【学习目标】

了解带传动的工作原理、特点、类型和应用；

熟悉带传动的参数；

了解 V 带传动的安装维护及张紧装置。

【学习重点和难点】

带传动的参数；

V 带和 V 带轮的结构。

【任务导入】

如图 4-1 所示为一汽车风扇带传动装置，发动机工作时，发动机曲轴通过带传动驱动风扇转动，实现动力和运动传递。

带传动是应用广泛的一种机械传动，它是靠带与带轮之间的摩擦力来传递运动和动力的，属于摩擦传动。此外，对带传动的另一形式，即靠带与带轮轮齿的啮合来传递动力的同步齿形带，本任务仅作简单介绍。在保证带具有足够的工作能力的情况下，如何进行带传动类型的选择，掌握带传动的结构、带传动的安装与维护知识将是本任务学习的内容。

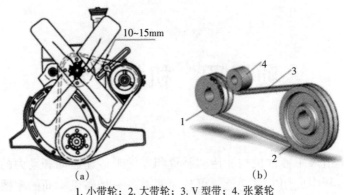

1. 小带轮；2. 大带轮；3. V型带；4. 张紧轮

图 4-1　带传动应用实例

【相关知识】

一、带传动的认识

（一）带传动的组成及工作原理

带传动一般是由固连在主动轴上的带轮 1（主动轮）、固连在从动轴上的带轮 2（从动轮）及紧套在两轮上的传动带 3 所组成，如图 4-2 所示。

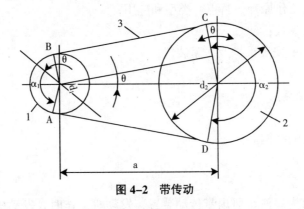

图 4-2　带传动

当主动轮 1 在主动轴的驱动下转动时，通过两带轮与带之间的摩擦（或啮合），拖动从动轮一起转动，从而实现两轴间运动和动力的传动。

（二）带传动的分类

按照传动原理不同，带传动可以分为摩擦型带传动和啮合型带传动两大类。摩擦型带传动靠带与带轮之间的摩擦力进行传动；啮合型带传动靠带内周均布的横向齿与带轮相应齿槽间的啮合进行传动，如图 4-3(e) 所示的同步带传动。一般带传动多为摩擦型带传动。

按照传动带的横截面形状不同，可将带传动分为平面带传动、V 型带传动、圆带传动、多楔带传动等几种类型，分别如图 4-3(a)~图 4-3(d) 所示，这几种带传动均属摩擦型带传动。

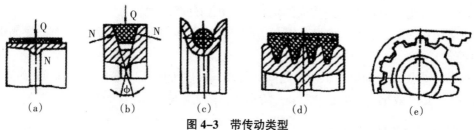

图4-3 带传动类型

1. 平带传动

平带的横截面为矩形，已标准化。其结构最简单，带轮的制造相对容易，多用于相距较远的两轴间的传动。常用的有橡胶帆布带、皮革带、棉布带和化纤带等，其中以帆布芯平带应用最广。

平型带传动主要用于两带轮轴线平行的传动，其中有开口式传动和交叉式传动等。开口式传动，两带轮转向相同，应用较多；交叉式传动，两带轮转向相反，传动带容易磨损。

2. V型带传动

V型带的横截面为等腰梯形，已标准化。V型带传动是把V型带紧套在带轮上的梯形槽内，使V型带的两侧面与带轮槽的两侧面压紧，从而产生摩擦力来传递运动和动力。

在相同条件下，V型带传动比平型带传动的摩擦力大，由于楔形摩擦原理，V型带的传动能力为平带的3倍。故V型带传动能传递较大的载荷，得到了广泛的应用。本任务主要介绍V带传动。

3. 圆带传动

圆带常用皮革制成，也有圆绳带和圆锦纶带等，它们的横截面均为圆形。圆形带传动只适用于低速、轻载的机械，如缝纫机、真空吸尘器、磁带盘的传动机构等。

4. 同步带传动

同步带传动是靠带内侧的齿与带轮的齿相啮合来传递运动和动力的。由于钢丝绳受载荷作用时变形极小，又是啮合传动，所以同步带传动的传动比准确，传动平稳，缺点是制造安装精度要求较高。

（三）带传动的特点

与其他传动形式相比，带传动具有以下特点：

（1）传动平稳，由于传动带具有良好的弹性，所以能缓和冲击、吸收振动，传动平稳。

（2）传动比不稳定，传动带与带轮是通过摩擦力传递运动和动力的。因此过载时，传动带在轮缘上会打滑，所以不能保证恒定的传动比。传动效率较低，带的使用寿命短；轴、轴承承受的压力较大。

（3）具有过载打滑的保护作用，带传动机构在过载时会出现打滑现象，从而可以避免其他零件的损坏，起到安全保护的作用。

（4）适宜用在两轴中心距较大的场合，但机构外廓尺寸较大。

（5）结构简单，制造、安装、维护方便，成本低，但不适用于高温、有易燃易爆物质的场合。

带传动多用于原动机与工作机之间的传动，一般传递的功率 $P \leqslant 100kW$；带速 $v = 5\sim25\ m/s$；传动效率 $= 0.90\%\sim0.95\%$，传动比一般为 $i \leqslant 7$。

二、V 带和 V 带轮

（一）V 带的结构

标准的普通 V 带都支承无接头的环形带，其横截面为等腰梯形，工作面为两侧面。其结构如图 4-4 所示：图（a）是帘芯结构，图（b）是绳芯结构，均由下面几部分组成：

（1）包布层：由胶帆布制成，起保护作用；

（2）顶胶：由橡胶制成，当带弯曲时承受拉伸；

（3）底胶：由橡胶制成，当带弯曲时承受压缩；

（4）抗拉层（承载层）：由几层挂胶的帘布或浸胶的棉线（或尼龙）绳构成，承受基本拉伸载荷。

承载层是 V 带工作时的主要承载部分，主要有帘芯结构和绳芯结构两种。帘芯结构的 V 带制造较方便，抗拉强度较高，但柔韧性较差，适用于载荷较大的传动；绳芯结构的 V 带柔韧性较好，但抗拉强度较低，适用于转速较高，但载荷不大和带轮直径较小的场合。

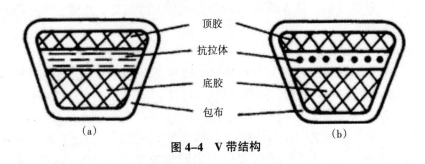

图 4-4　V 带结构

（二）普通 V 带标准

V 带已标准化，普通 V 带带型按截面尺寸分为 Y、Z、A、B、C、D、E 七种，如表 4-1 所示。节宽 b_p 为带的节面（中性层）宽度，与该宽度处于同一位置的带轮轮槽宽度称为轮槽基准宽度；轮槽基准宽度处的带轮直径称为带轮基准直径 d_d；在规定的拉力下，位于带轮基准直径上的 V 带周线长度称为基准长度 L_d，该长度是 V 带传动几何尺寸的计算长度。其部分长度系列如表 4-2 所示。

表 4–1　V 带截面的基本尺寸
（摘自 GB/T 11544–2012《带传动　普通 V 带和窄 V 带　尺寸（基准宽度制）》）

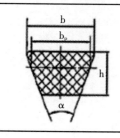

截型	Y	Z	A	B	C	D	E
节宽 b_p	5.3	8.5	11.0	14.0	19.0	27.0	32.0
顶宽 b	6.0	10.0	13.0	17.0	22.0	32.0	38.0
高度 h	4.0	6.0	8.0	11.0	14.0	19.0	23.0
楔角 α	40°						

表 4–2 普通 V 带基准长度 L_d
（摘自 GB/T 11544–2012《带传动　普通 V 带和窄 V 带　尺寸（基准宽度制）》）

截面型号						
Y	Z	A	B	C	D	E
200	406	630	930	1565	2740	4660
224	475	700	1000	1760	3100	5040
250	530	790	1100	1950	3330	5420
280	625	890	1210	2195	3730	6100
315	700	990	1370	2420	4080	6850
355	780	1100	1560	2715	4620	7650
400	920	1250	1760	2880	5400	9150
450	1080	1430	1950	3080	6100	12230
500	1330	1550	2180	3520	6840	13750
	1420	1640	2300	4060	7620	15280
	1540	1750	2500	4600	9140	16800
		1940	2700	5380	10700	
		2050	2870	6100	12200	
		2200	3200	6815	13700	
		2300	3600	7600	15200	
		2480	4060	9100		
		2700	4430	10700		
			4820			
			5370			
			6070			

（三）V 带轮

带轮由轮缘、轮毂和轮辐组成，如图 4-5 所示。根据轮辐结构的不同，可将带轮分为以下四种形式：

（1）实心带轮：用于尺寸较小的带轮，当带轮基准直径 $d_d \leqslant (2.5 \sim 3)$ d 时（d 为轴的直径，单位为 mm），如图 4-6 所示。

（2）腹板带轮：用于中小尺寸的带轮，当带轮基准直径 $2.5d \leqslant d_d \leqslant 300mm$ 时，如图 4-7 所示。

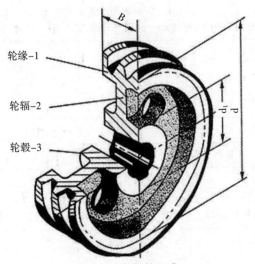

图 4-5　带轮的组成

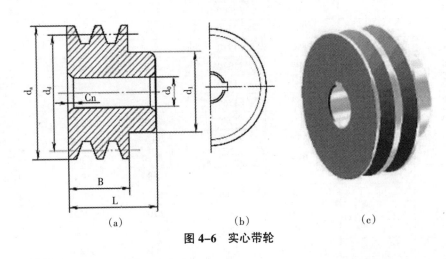

图 4-6　实心带轮

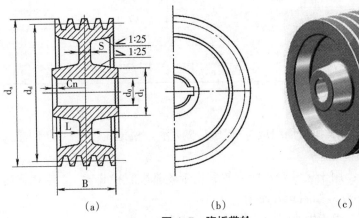

图 4-7　腹板带轮

（3）孔板带轮：用于尺寸较大的带轮，当带轮基准直径 $d_d \leq 300mm$，同时（D_1 – d_1）> 100mm 时，如图 4-8 所示。

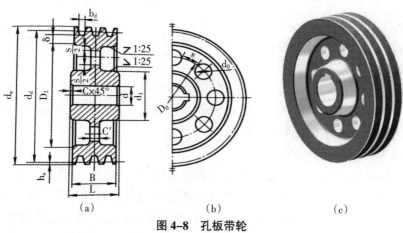

（a）　　　　　　（b）　　　　　　（c）

图 4-8　孔板带轮

（4）轮辐带轮：用于尺寸大的带轮，当带轮基准直径 d_d > 300mm 时，如图 4-9 所示。

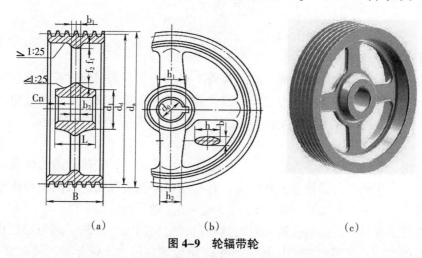

（a）　　　　　　（b）　　　　　　（c）

图 4-9　轮辐带轮

带轮的材料主要采用铸铁，常用材料的牌号为 HT150 或 HT200；转速较高时宜采用铸钢（或用钢板焊接而成）；小功率时可用铸铝或塑料。

为了适应弯曲变形后的 V 带，传动时仅皮带两侧与槽轮接触，底部并无接触，V 带轮的槽角应小于 V 带的楔角 α，一般为 32°、34°、36°、38°。

（四）普通 V 带传动的参数

1. 普通 V 带的型号

普通 V 带带型按截面尺寸由小到大分为 Y、Z、A、B、C、D、E 七种，其传动能力也由小到大，在相同条件下，横截面积越大则传动能力也越大。选取时根据传动功率和小带轮转速由选型图中选择。

2. 普通 V 带带轮的基准直径

当带弯曲时，顶胶伸长、底胶缩短，只有在两者之间的中性层长度不变，称为节面。V 带在规定的张紧力下安装在 V 带轮上，与所配用 V 带的节面宽度 b_p 相对应的带轮直径称为带轮的基准直径，用 d_d 表示。

带轮的基准直径 d_d 是带传动的主要设计参数之一，基准直径的数值已经标准化，应按国家标准选用标准系列值。

在带传动中，带轮基准直径越小，带传动时带在带轮上的弯曲变形越严重，普通 V 带的弯曲应力越大，从而降低带的使用寿命。为了延长传动带的使用寿命，对各型号的普通 V 带轮都规定有最小基准直径。

3. 普通 V 带传动的传动比

机构中瞬时输入角速度与输出角速度的比值称为机构的传动比。传动比的大小反映了传动过程中速度的变化程度，同时也反映转矩的变化程度。对于带传动，其传动比为主动轮的转速 n_1 与从动轮的转速 n_2 的比值，同时也是从动轮基准直径 d_{d2} 与主动轮基准直径 d_{d1} 的比值。用 i 表示，记为：

$$i_{12} = \frac{n_1}{n_2} = \frac{d_{d2}}{d_{d1}}$$

通常，普通 V 带的传动比 $i \leq 7$。

4. 普通 V 带带速

普通 V 带带速过快或过慢都不利于普通 V 带的传动。若带速过慢，则在传递功率一定情况下，所需的有效圆周力过大，因此易于发生打滑现象；若带速过快，离心力又会使带与带轮间的压紧程度减小，降低传动能力。一般适宜取 5~25m/s。

5. 中心距和包角

中心距 a 是两带轮中心线的长度。两带轮中心距越大，带传动能力越高；但中心距过大，又会使整个传动尺寸不够紧凑，在高速时易发生振动，反而使带传动的能力下降。因此，两带轮中心距一般在 0.7~2 $(d_{d1} + d_{d2})$ 范围内。

包角是指带与带轮接触弧所对应的圆心角，包角的大小反映了带与带轮轮缘表面间接触弧的长短，两带轮中心距越大，小带轮包角也越大，带与带轮接触弧也越长，带能传递的功率也越大；反之，带能传递的功率就越小。包角计算公式：

$$\alpha_1 \approx 180° - \frac{d_{d2} - d_{d1}}{a} \times 57.3°$$

为了使带传动可靠，一般要求小带轮包角大于等于 120°。

6. 普通 V 带传动的基准长度

普通 V 带传动的基准长度可通过以下公式算得：

$$L_d = 2a + \frac{\pi}{2}(d_{d1} + d_{d2}) + \frac{(d_{d2} - d_{d1})^2}{4a}$$

7. 普通 V 带的根数

普通 V 带的根数影响到带的传动能力。普通 V 带的根数越多，所能承受的载荷越大，传动能力也越强，但为了使各带受力比较均匀，带的根数不宜过多，需根据具体传递功率大小而定。通常带的根数以 2~5 根为宜，最多不超过 10 根。

三、带传动的安装与维护

（一）带传动的张紧与调整

普通 V 带不是完全的弹性体，长期在张紧状态下工作，会因出现塑性变形而松弛，使初拉力减小，传动能力下降。因此，必须将带重新张紧，以保证带传动正常工作。

带传动常用的张紧方法是调节中心距和使用张紧轮两种。

1. 调节中心距

（1）定期张紧装置。图 4-10 是采用滑轨和调节螺钉或采用摆动架和调节螺栓改变中心距的张紧方法。前者适用于水平或倾斜不大的布置，后者适用于垂直或接近垂直的布置。

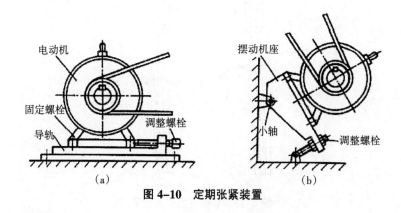

图 4-10 定期张紧装置

（2）自动张紧装置。传动中能自动保持和调节所需的张紧力。图 4-11 为自动张紧装置，它是将装有带轮的电动机安装在能够摆动的机座上，利用电机与带轮的自重使带轮随着机座绕固定轴摆动，以自动使带始终张紧。

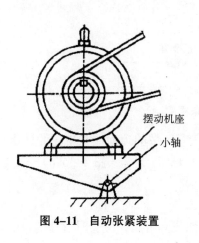

图 4-11 自动张紧装置

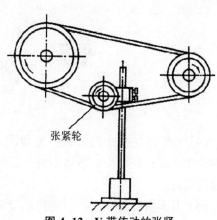

图 4-12 V 带传动的张紧

2. 使用张紧轮

若中心距不能调节时，可采用具有张紧轮的装置。如图 4-12 所示的张紧装置适宜 V 带传动，张紧轮一般安排在松边内侧，使带只受单弯曲；同时尽量靠近大带轮，以免过多减小小带轮的包角。张紧轮直径可小于小带轮直径，其轮槽尺寸与带轮相同。

（二）带传动的使用与维护方法

为了延长带的寿命，保证带传动的正常运转，必须重视正确地使用和维护保养。使用时注需意：

（1）新旧 V 带、不同厂家生产的 V 带不能同组混用，以免各带受力不均匀。新带使用前，最好预先拉紧一段时间后再使用。

（2）安装传动带时，应使两带轮轴线保持平行，两轮对应轮槽的中心线应重合，偏斜角度小于 20′，以防带侧面磨损加剧，如图 4-13 所示。

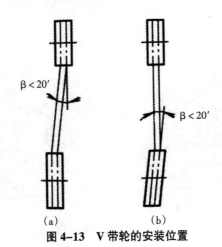

图 4-13　V 带轮的安装位置

（3）带的张紧程度要适当，可按规定数值安装，也可凭经验安装，带的张紧程度以大拇指能将带按下 15mm 为宜，如图 4-14 所示。

图 4-14　带的张紧程度

（4）V 带在轮槽中的安装位置如图 4-15 所示。V 带的顶面应与带轮的外缘相平齐或略高出一点；底面与轮槽间要留一定间隙；图 4-15(a) 正确，图 4-15(b)、图 4-15(c) 则是错误的。

（5）为了保证安全生产，带传动须安装防护罩。

（6）带传动不需要润滑，禁止往带上加润滑油或润滑脂，应及时清理带轮槽内及传

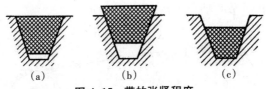

图 4-15 带的张紧程度

动带上的油污。

（7）严防 V 带与油、酸、碱等介质接触，以免变质，也不宜在阳光下曝晒。

（8）带根数较多的传动，若坏了少数几根需进行更换时，应全部更换，不要只更换坏带而一起使用新旧带；这样会造成载荷分配不匀，反而加速新带的损坏。

（9）如果带传动装置需要闲置一段时间后再用，应将带放松。

【知识应用】

请查阅相关资料，确定汽车发动机、数控机床的主要传动系统采用何种类型的带传动，并说明原因。

任务 2　链传动

【学习目标】

了解链传动的工作原理、组成、类型和特点；
熟悉滚子链的结构及参数；
了解链传动的润滑与布置。

【学习重点和难点】

链传动的运动特性；
滚子链的参数。

【任务导入】

传动链是在较高转速且两轴转速比准确的情况下传送较大功率而使用的一种传动方式。传动链依结构形式的不同可分为套筒滚子链、齿形链两种。本任务主要介绍滚子链。

【相关知识】

一、链传动的认知

（一）链传动的组成

链传动是由主动链轮 1、从动链轮 2 和链条 3 组成（见图 4-16），以链条作为中间挠性件，靠链轮轮齿和链节的啮合来传递运动和动力。

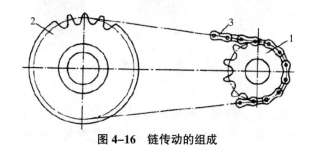

图 4-16　链传动的组成

因链条与链轮的轮齿相互啮合，实现动力的传动，具有齿轮传动的特性，因此，被广泛用于起重、搬运、动力传递等工作上及日常生活中。

（二）链传动的特点

链传动结构简单，耐用、维护容易，运用于中心距较大的场合。

与带传动相比，链传动能保持准确的平均传动比；传动效率较高，封闭式链传动的效率为97%~98%；没有弹性滑动和打滑，能保证平均传动比恒定；需要的张紧力小，轴与轴承所受载荷较小；结构紧凑，传动可靠，传递圆周力大。但链条易磨损，易造成跳齿脱链。

与齿轮传动相比，链传动的结构简单，成本低廉，制造和安装精度要求较低；能实现远距离传动，并能吸收振动及缓和冲击；能在温度较高、有油污、潮湿、多尘等恶劣环境条件下工作。但瞬时速度不均匀，瞬时传动比不恒定，传动平稳性较差，不适合用于高速场合，不适于载荷变化大和急速反转的场合。

链传动的传动比 $i \leqslant 8$；中心距 $a \leqslant 5{\sim}6m$；传递功率 $P \leqslant 100kW$；圆周速度 $v \leqslant 15m/s$；传动效率为 0.92~0.96。链传动广泛用于矿山机械、农业机械、石油机械、机床及摩托车中。

（三）链传动的类型与应用

链传动的类型很多，按用途可分为起重链、牵引链和传动链三大类。

（1）起重链（又称为曳引链），主要用于起重机械中提起重物，用以传递力，起牵引、悬挂物品的作用，做缓慢运动。其工作速度 $V \leqslant 0.25m/s$；因结构造型的不同，起重链又可分为平环链与柱环链两种。

（2）牵引链（又称为输送链），主要用于链式输送机中移动重物，用于输送工件、物品和材料，可直接用于各种机械上，也可以组成链式输送机作为一个单元出现。其工作速度 $V \leqslant 4m/s$。

（3）传动链，是在较高转速且两轴转速比准确的情况下传送较大功率而使用的链，通常工作速度 $V \leqslant 15m/s$。主要用来在一般机械中传递运动和动力，也可用于输送等场合。多用钢精制而成，与具有特殊齿形的链轮精密配合。链条与链轮的摩擦部分均经硬化处理，以减少磨损而延长使用寿命。传动链依结构形式的不同可分为套筒滚子链和齿形链。

二、传动链的结构及标准

(一) 套筒滚子链

1. 套筒滚子链的结构

如图 4-17 所示，套筒滚子链是由内链板 1、外链板 2、销轴 3、套筒 4 和滚子 5 所组成。其中销轴与外链板、套筒与内链板均采用过盈配合，而销轴与套筒、套筒与滚子之间则采用间隙配合，使套筒可绕销轴、滚子可绕套筒转动。链与链轮啮合时，滚子与轮齿是滚动摩擦，可减少链与轮齿的磨损。内外链板均制成"∞"字形，以减轻重量，并保持链条各横截面的强度大致相等。链条的各零件由碳钢或合金钢制成，并经热处理，以提高其强度和耐磨性。

2. 套筒滚子链参数

(1) 节距，链条上相邻两销轴中心的距离称为链的节距，以 p 表示，它是链条的主要参数。节距 p 越大，链条各零件的尺寸越大，所能承受的载荷越大。

(2) 排数，滚子链可制成单排链（见图 4-17）和多排链，如双排链（见图 4-18）或三排链。排数越多，承载能力越大。由于制造和装配精度，会使各排链受力不均匀，故一般不超过三排。

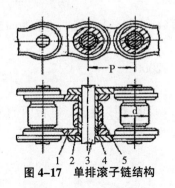

图 4-17 单排滚子链结构

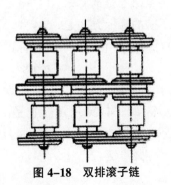

图 4-18 双排滚子链

(3) 长度，链条的长度用链节数表示，一般选用偶数链节，这样链的接头处可采用开口销或弹簧卡片来固定，如图 4-19(a)、图 4-19(b) 所示，前者用于大节距链，后者用于小节距链。当链节为奇数时，需采用过渡链节，如图 4-19(c) 所示。由于过渡链节的链板受附加弯矩的作用，一般应避免采用。但过渡链节处柔性较好，能减轻冲击和振动，在重载、冲击以及反向等工作条件时，可选择全部由过渡链节组成的链。

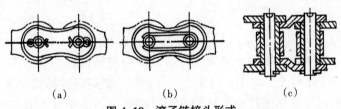

(a)　　　　　(b)　　　　　(c)

图 4-19 滚子链接头形式

表 4-3 A 系列滚子链的主要参数

（摘自 GB/T 1243-2006《传动用短节距精密滚子链、套筒链、附件和链轮》）

链号	节距 p (mm)	排距 p_t (mm)	滚子外径 d1 (mm)	极限载荷 Q (单排)（N）	每米长质量 q (单排)（kg/m）
08A	12.70	14.38	7.92	13900	0.60
10A	15.875	18.11	10.16	21800	1.00
12A	19.05	22.78	11.91	31300	1.50
16A	25.40	29.29	15.88	55600	2.60
20A	31.75	35.76	19.05	87000	3.80
24A	38.10	45.44	22.23	125000	5.60
28A	44.45	48.87	25.40	170000	7.50
32A	50.80	58.55	28.58	223000	10.10
40A	63.50	71.55	39.68	347000	16.10
48A	76.20	87.83	47.63	500400	22.60

滚子链已标准化，分为 A、B 两个系列，常用的是 A 系列。表 4-3 列出了几种 A 系列滚子链的主要参数。设计时，要根据载荷大小及工作条件等选用适当的链条型号；确定链传动的几何尺寸及链轮的结构尺寸。

3. 套筒滚子链的标示

滚子链的标示方法是：链号、等级、排数、节数、国标号。例如，节距=12.7mm，A 级、双排共 50 节的滚子链可标记为：

08A-2—50   GB 1243-2006

（二）齿形链

齿形链如图 4-20 所示。它是由许多齿形链板以铰链连接而成，链板两侧为直边，夹角一般为 60°。工作时，链齿与链轮齿互相啮合而传递运动，传动较平稳，噪声很小，故又称无声链。

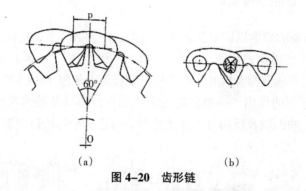

（a）   （b）

图 4-20 齿形链

齿形链上设有导板，以防止链条工作时发生侧向窜动。导板有内导板和外导板之分。内导板齿形链导向性好，工作可靠；外导板齿形链的链轮结构简单。

与滚子链相比，齿形链传动平稳，振动及噪音小，承受冲击载荷的能力较强，故多用于速度较高（v≤30m/s）或运动精度要求较高的传动装置中。其缺点是重量较大，价格较贵，装拆也较困难。

三、链的润滑与布置

（一）链传动的润滑

链传动的润滑十分重要。适当的润滑能显著减少磨损、防止胶合、缓和冲击，延长链条的使用寿命。链传动的润滑方式主要有人工定期润滑、滴油润滑、油浴或飞溅润滑和压力喷油润滑等几种。

润滑油可选用牌号为 L-AN32、L-AN46、L-AN68 的全损耗系统用油或 L-TSA32、L-EQC5W/20 汽车机油，环境温度高或载荷大时选黏度大的；反之宜取黏度小的。

（二）链传动的布置

链传动的两轴应平行，两链轮应位于同一平面内；一般宜采用水平或接近水平的布置，松边应在下边；根据需要，可采用适当的张紧方法，采用张紧轮张紧时，张紧轮应位于松边链的外侧。链传动的具体布置可参照表 4-4。

表 4-4 链传动的布置

传动参数	正确布置	不正确布置	说明
$i > 2$ $a = 30\sim50p$			两轮轴线在同一水平面，紧边在上或在下均不影响工作
$i > 2$ $a < 30p$			两轮轴线不在同一水平面，松边应在下面，否则松边下垂量增大后，链条与链轮易卡死
$i < 1.5$ $a > 60p$			两轮轴线不在同一水平面，松边应在下面，否则松边下垂量增大后，紧边会与松边相碰，需经常调整中心距
i，a 为任意值			两轮轴线在同一铅垂面内，下垂量增大，会减少下链轮有效啮合齿数，降低传动能力，为此应采用：①中心距可调整；②张紧装置；③上下两轮错开，使其不在同一铅垂面内

【知识应用】

为什么在一般条件下，链传动的瞬时传动比不是恒定值？什么条件下恒定？

任务 3　齿轮传动

【学习目标】
了解齿轮传动的特点、分类和应用；
掌握标准直齿圆柱齿轮的参数计算；
了解渐开线齿轮加工方法；
了解齿轮传动失效形式及润滑；
了解其他齿轮传动特点。

【学习重点和难点】
渐开线标准直齿圆柱齿轮基本参数；
渐开线标准直齿圆柱齿轮几何尺寸计算的应用；
根切和最小齿数；
齿轮传动的失效形式。

【任务导入】
齿轮是机器设备中应用十分广泛的传动零件，它是一种轮缘上有齿，能连续相互啮合，用来传递运动和动力的机械元件。

【相关知识】
齿轮传动是利用齿轮副来传递运动和动力的一种机械传动，主要用来传递动力、改变运动速度及运动方向。其圆周速度可达到 300m/s，传递功率可达 10^5kW，齿轮直径可从不到 1mm 到 150m 以上，是现代机械中应用最广的一种机械传动。

一、齿轮传动概述

（一）齿轮传动的特点
齿轮传动是现代机械中应用最广泛的传动机构，小到钟表，大到航天航空设备都离不开它。与其他机械传动相比，齿轮传动有下列优点：
（1）齿轮传动传递动力大，传动效率高；
（2）能保证恒定的传动比；
（3）适用的速度和功率范围广；
（4）工作可靠，使用寿命长；
（5）结构紧凑，体积小。

其缺点是：

（1）制造和安装要求较高，成本也较高；

（2）不适用于远距离传动，没有过载保护作用。

（二）齿轮传动的类型

齿轮传动的类型很多，如图4-21所示。

（1）按照两轴的相对位置不同，可分为平行轴齿轮传动、相交轴齿轮传动、相错轴齿轮传动。

（2）按照齿轮齿廓曲线形状不同，可分为渐开线齿轮传动、摆线齿轮传动、圆弧齿轮传动。

（3）根据齿轮传动的工作条件不同，齿轮传动可分为闭式齿轮传动、开式齿轮传动及半开半闭式齿轮传动。

（4）根据齿轮传动工作时的圆周速度不同，齿轮传动可分为高速齿轮传动（15m/s以上）、中速齿轮传动（3~15m/s）、低速齿轮传动（3m/s以下）等。

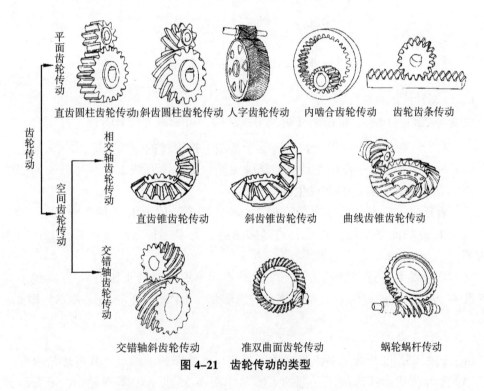

图 4-21　齿轮传动的类型

二、渐开线直齿圆柱齿轮的名称术语及相关参数计算

为了提高齿轮的工作精度，适应高精度及高速传动的需要，要求齿轮在传动过程中，始终保持瞬时传动比恒定，采用合理的齿轮轮廓曲线。齿廓曲线的形状有渐开线、摆线和圆弧等，本书主要讲述渐开线齿轮传动。

（一）渐开线的形成

如图 4-22（a）所示，在平面上，当一直线 L 沿半径为 r_b 的固定圆周做纯滚动时，该直线上任意一点 K 的轨迹称为该圆的渐开线。该圆称为渐开线的基圆，直线 L 称为渐开线的发生线。渐开线轮齿的两侧齿廓是由两条反向的渐开线组成，如图 4-22（b）所示。

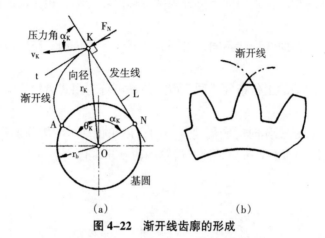

图 4-22　渐开线齿廓的形成

（二）渐开线的性质

如图 4-22（a）所示，根据渐开线的形成过程，可知渐开线具有以下性质：

（1）发生线在基圆上滚过的长度，等于基圆上被滚过的弧长，即：$\overline{NK} = \overset{\frown}{NA}$。

（2）渐开线上任意一点的法线必与基圆相切，即过渐开线上任意一点 K 的法线与过 K 点的基圆切线重合，且与发生线 L 重合。

（3）渐开线上各点的曲率半径不相等。N 点是渐开线上 K 点的曲率中心，NK 是渐开线上 K 点的曲率半径。可见：离基圆越近，曲率半径越小；在基圆上，曲率半径为零。

（4）渐开线上任意一点的法线（受力时不计摩擦力时的正压力 F_N 方向线）与该点速度 v_K 方向所夹的锐角 α_k，称为该点的齿形角。由图知齿形角为 $\angle KON$，因此

$$\cos\alpha_k = \frac{r_b}{r_k}$$

由上式可知，渐开线上各点齿形角不相等，离基圆越远的点，其齿形角越大。

（5）渐开线的形状取决于基圆的大小。如图 4-23 所示，基圆越小，渐开线越弯曲；基圆越大，渐开线越平直；当基圆半径无穷大时，渐开线为直线。齿条相当于基圆半径无穷大的渐开线齿轮。

（6）基圆内无渐开线。

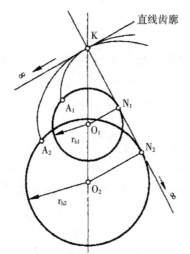

图 4-23 不同基圆半径的渐开线形状

（三）渐开线标准直齿圆柱齿轮各部分名称和基本参数

1. 各部位名称

图 4-24，为渐开线标准直齿圆柱齿轮的局部图。

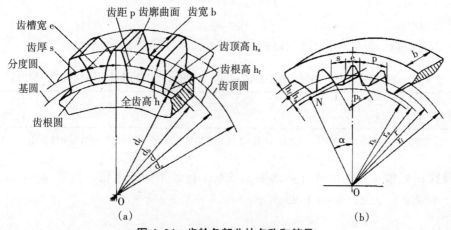

图 4-24 齿轮各部分的名称和符号

（1）齿顶圆和齿根圆。轮齿顶部所在的圆称为齿顶圆，直径用 d_a 表示。相邻两齿间的部分称为齿槽，齿槽底部所在的圆称为齿根圆，直径用 d_f 表示。

（2）分度圆。为便于设计、制造和互换，在齿顶圆与齿根圆之间选定一个基准圆，使该圆上的比值 p/π 和压力角都为标准值。在齿轮上具有标准模数和标准压力角的圆称为分度圆，直径用 d 表示。

（3）齿厚、齿槽宽、齿距。

分度圆上一个齿的两侧端面齿廓之间的弧长称为齿厚，用 s 表示；

分度圆上一个齿槽的两侧端面齿廓之间的弧长称为齿槽宽，用 e 表示；

分度圆上相邻两齿同侧端面齿廓之间的弧长称为齿距，用 p 表示，即：

$$p = s + e$$

（4）齿顶高、齿根高、齿高、顶隙。

齿顶圆与分度圆之间的径向距离称为齿顶高，用 h_a 表示；

齿根圆与分度圆之间的径向距离称为齿根高，用 h_f 表示；

齿顶圆与齿根圆之间的径向距离称为齿高，用 h 表示，即：

$$h = h_a + h_f$$

（5）齿宽。轮齿部分沿齿轮轴线方向的宽度称为齿宽，用 b 表示。

2. 标准直齿圆柱齿轮的主要参数

（1）齿数 z。齿轮圆周上轮齿的总数称为齿轮的齿数，用符号 z 表示。

（2）模数 m。

由分度圆周长：

$$\pi d = zp$$

可得分度圆直径：

$$d = \frac{z}{\pi}p$$

式中含有无理数 π，为便于设计、制造和互换，人为地将 p/π 的值规定为标准值，称为模数，用 m 表示，单位为 mm。则：

$$d = mz$$

m 为有理数，且已标准化，我国标准模数系列如表 4-5 所示。

表 4-5　齿轮模数系列（摘自 GB/T 1357-2008《通用机械和重机械用圆柱齿轮　模数》）

第一系列	1	1.25	1.5	2	2.5	3	4	5	6	8	10	12	16
第二系列	1.125	1.375	1.75	2.25	2.75	3.5	4.5	5.5	(6.5)	7	9	11	14

注：①对斜齿圆柱齿轮，该表所示为法向模数。②优先采用第一系列，括号内的模数尽可能不用。

模数 m 是齿轮几何尺寸计算的重要参数，齿数相同的齿轮，模数 m 越大，轮齿越厚，承载能力越强，如图 4-25 所示。

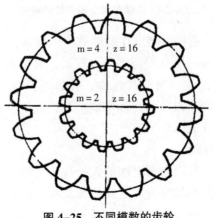

图 4-25　不同模数的齿轮

（3）齿形角 α。渐开线齿廓上各点的齿形角不同，为了便于设计、制造和使互换性好，分度圆上的齿形角用 α 表示，规定了标准值。我国标准规定：标准 α=20°。

得基圆直径：

$$d_b = d\cos\alpha$$

4. 齿顶高系数 h_a^*、顶隙系数 c^*

即：

$$h_a^* = h_a / m$$

$$c^* = c / m$$

c 为顶隙，它是指一对齿轮啮合时，一个齿轮的齿顶圆到另一个齿轮的齿根圆之间的径向距离。

顶隙的作用有：

（1）避免齿轮齿顶与啮合齿轮齿槽底发生干涉；

（2）便于贮存润滑油。

国家标准规定：正常齿 $h_a^* = 1$，$c^* = 0.25$；短齿 $h_a^* = 0.8$，$c^* = 0.3$。

（四）渐开线标准直齿圆柱齿轮几何尺寸计算

模数 m、压力角 α、齿顶高系数 h_a^*、顶隙系数 c^* 均为标准值，且分度圆上齿厚 s 和槽宽 e 相等的齿轮称为标准齿轮。

标准直齿圆柱齿轮的基本几何尺寸计算公式如表 4-6 所示。

表 4-6　渐开线标准直齿圆柱齿轮几何尺寸的计算公式

名称	代号	计算公式
齿顶高	h_a	$h_a = h_a^* m$
齿根高	h_f	$h_f = (h_a^* + c^*)m$
齿高	h	$h = h_f + h_a = (2h_a^* + c^*)m$
顶隙	c	$c = c^* m$
齿距	p	$P = \pi m$
齿厚	s	$s = p/2 = \pi m/2$
齿槽宽	e	$e = p/2 = \pi m/2$
基圆齿距	P_b	$P_b = p\cos\alpha$
分度圆直径	d	$d = mz$
基圆直径	d_b	$d_b = d\cos\alpha$
齿顶圆直径	d_a	$d_a = d + 2h_a = m(z + 2h_a^*)$
齿根圆直径	d_f	$d_f = d - 2h_f = m(z - 2h_a^* - 2c^*)$
标准中心距	a	$a = \dfrac{1}{2}(d_2 \pm d_1) = \dfrac{1}{2}m(z_2 \pm z_1)$

【例 4-1】已知一对外啮合标准直齿圆柱齿轮标准中心距 a=125mm，传动比 i=4，小齿轮齿数 z_1=20，求这对齿轮的模数，分度圆直径 d_1、d_2，齿顶圆直径 d_{a1}、d_{a2}。

解：由传动比 $i = \dfrac{z_2}{z_1} = 4$，得：

$$z_2 = iz_1 = 4 \times 20 = 80$$

由中心距 $a = \dfrac{m}{2}(z_1 + z_2)$，得：

$$m = \frac{2a}{z_1 + z_2} = \frac{2 \times 125}{20 + 80} = 2.5 \ （mm）$$

分度圆直径　　　　　$d_1 = mz_1 = 2.5 \times 20 = 50 \ （mm）$

$$d_2 = mz_2 = 2.5 \times 80 = 200 \ （mm）$$

齿顶圆直径　　　　$d_{a1} = d_1 + 2h_a^* m = 50 + 2 \times 2.5 = 55 \ （mm）$

$$d_{a2} = d_2 + h_a^* m = 200 + 2 \times 2.5 = 205 \ （mm）$$

三、渐开线标准直齿圆柱齿轮的啮合传动

（一）正确啮合条件

渐开线直齿圆柱齿轮的正确啮合条件是两个齿轮的模数和齿形角必须分别相等。由于分度圆上模数 m 和压力角 α 已标准化，故正确啮合条件为：

$$m_1 = m_2 = m$$

$$\alpha_1 = \alpha_2 = \alpha$$

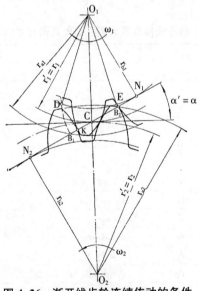

图 4-26　渐开线齿轮连续传动的条件

（二）连续传动条件

图 4-26 所示为一对相互啮合的齿轮，设轮 1 为主动轮，轮 2 为从动轮。齿廓的啮合是由主动轮 1 的齿根部推动从动轮 2 的齿顶开始，因此，从动轮齿顶圆与啮合线的交点 B_2 即为一对齿廓进入啮合的开始。随着轮 1 推动轮 2 转动，两齿廓的啮合点沿着啮合线移动。当啮合点移动到齿轮 1 的齿顶圆与啮合线的交点 B_1 时（图 4-26 中虚线

位置），这对齿廓终止啮合，两齿廓即将分离。故啮合线 N_1N_2 上的线段 B_1B_2 为齿廓啮合点的实际轨迹，称为实际啮合线，而线段 N_1N_2 称为理论啮合线。

当一对轮齿在 B_2 点开始啮合时，前一对轮齿仍在 K 点啮合，则传动就能连续进行。由图可见，这时实际啮合线段 B_1B_2 的长度大于齿轮的法线齿距。如果前一对轮齿已于 B_1 点脱离啮合，而后一对轮齿仍未进入啮合，则这时传动发生中断，将引起冲击。所以，保证连续传动的条件是使实际啮合线长度大于或至少等于齿轮的法线齿距（即基圆齿距 p_b）。

通常将实际啮合线长度与基圆齿距之比称为齿轮的重合度，用 ε 表示，即：

$$\varepsilon = \frac{\overline{B_1B_2}}{P_b} \geq 1$$

理论上当 $\varepsilon=1$ 时，就能保证一对齿轮连续传动，但考虑齿轮的制造、安装误差和啮合传动中轮齿的变形，实际上应使 $\varepsilon>1$。一般机械制造中，常使 $\varepsilon \geq 1.1\sim1.4$。重合度越大，表示同时啮合的齿的对数越多。对于标准齿轮传动，其重合度都大于 1，故通常不必进行验算。

四、渐开线齿轮轮齿的加工

（一）轮齿的切削加工原理

齿轮轮齿的加工方法有很多，最常用的是切削加工。切削加工方法按加工原理可分为仿形法和范成法两类。

1. 仿形法

仿形法加工齿轮的原理是在铣床上用与被切齿槽的形状相同的刀具在轮坯上逐个切制齿槽两侧的渐开线齿廓，常用刀具为圆盘铣刀［见图 4-27（a）］、指状铣刀［见图 4-27(b)］。

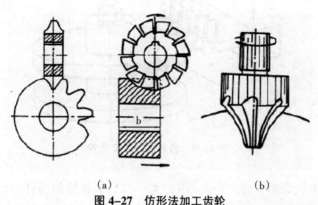

(a)　　　　　　　　　　　　(b)

图 4-27　仿形法加工齿轮

加工时，铣刀绕自身轴线旋转，同时轮坯沿其轴线方向直线移动。当铣完一个齿槽后，轮坯旋转 $360°/z$，再铣下一个齿槽，如此反复，直到铣出全部齿槽。这种方法简单、成本低，但生产率低，精度不高，常用于修配、单件、小批量生产及精度要求不高的齿轮加工中。

2. 范成法

范成法是当前齿轮加工中最常用的一种方法，其原理是加工中保持刀具和轮坯之间按渐开线齿轮啮合的运动关系来切制轮齿。用范成法加工齿轮的常用刀具有齿轮插刀、齿条插刀、齿轮滚刀。

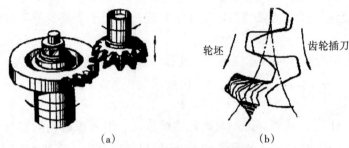

（a）　　　　　　　　　（b）

图 4-28　齿轮插刀加工齿轮

齿轮插刀的形状如图 4-28(a) 所示，其外形像一个具有刀刃的外齿轮。插齿时插刀沿轮坯轴线做往复切削运动，同时插刀与轮坯模仿一对齿轮传动以一定的角速比转动，直至全部齿槽切削完毕。根据正确啮合条件，被切齿轮的模数与齿形角和插刀的模数与齿形角相等，故用同一把插刀加工出来的齿轮都能正确啮合。

齿条插刀的形状如图 4-29 所示，用齿条插刀加工齿轮是模仿齿条与齿轮的啮合过程，把刀具做成齿条状，其加工原理与齿轮插刀相似。

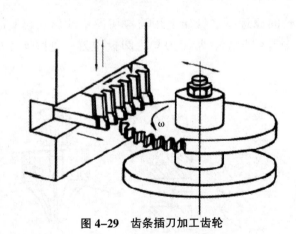

图 4-29　齿条插刀加工齿轮

齿轮滚刀的形状如图 4-30 所示，滚刀为一具有斜纵槽的螺杆形状刀具，其轴向截面为一齿条，因此滚刀的转动就相当于齿条移动。加工时滚刀和轮坯各绕自身的轴线以一定的角速度比等速转动；同时滚刀又沿轮坯的轴线方向做缓慢的移动直至切出整个轮齿。齿轮滚刀能实现连续切削，生产率较高，应用广泛。

范成法生产率高、加工精度高，但需要采用专用机床，故加工成本高，常用于批量生产中。

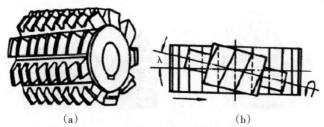

（a） （b）

图 4-30 齿条插刀切齿

（二）轮齿的根切和最少齿数

1. 根切现象

用范成法加工齿轮时，有时会发现刀具的顶部切入齿轮的根部，而将齿轮齿根的渐开线切掉一部分，这种现象称为根切。

如图 4-31 所示，图中虚线表示该轮齿的理论齿廓，实线表示根切后的齿廓。轮齿发生根切后，齿根厚度减薄，轮齿的抗弯曲能力下降，重合度减小，影响了传动的平稳性，因此应力求避免。

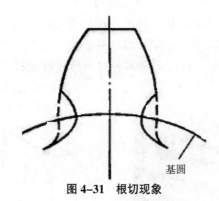

基圆

图 4-31 根切现象

2. 最少齿数

切制标准齿轮时，为了保证切齿过程中不发生根切，所设计齿轮的齿数 z 必须大于或等于不发生根切的最少齿数 z_{min}。

当 $\alpha = 20°$，$h_a^* = 1$ 时，$z_{min} = 17$；$\alpha = 20°$，$h_a^* = 0.8$ 时，$z_{min} = 14$。

五、齿轮传动的失效形式

齿轮传动过程中，若齿轮发生轮齿断裂、齿面损坏等现象，齿轮失去了正常的工作能力，称为失效。齿轮传动的失效主要发生在轮齿，其他部分很少发生。常见的齿轮失效形式有轮齿断裂和齿面损伤，齿面损伤又分为齿面点蚀、齿面胶合、齿面磨损、齿面塑变。

（一）轮齿断裂

轮齿断裂如图 4-32 所示，是指轮齿的一个或多个齿的整体或局部断裂，断裂一般发生在轮齿根部。轮齿断裂可分为疲劳断裂和过载断裂两种。

（a）　　　　　　　　　　　（b）

图 4-32　轮齿断裂

疲劳断裂，轮齿在循环弯曲应力的反复作用下，受拉的一侧会产生初始疲劳裂纹，随着裂纹的不断扩展，最终导致轮齿疲劳断裂。

过载断裂，当轮齿受到短时过载或冲击载荷作用致使齿根处的弯曲应力超过其极限应力时就会发生过载断裂。多见于脆性材料（如铸铁及整体淬火钢）制成的齿轮。

选用合适的材料和热处理方法，使轮齿芯有足够的韧性，增大齿根圆角半径，对齿根进行强化处理等，可提高轮齿的抗断裂能力。

（二）齿面点蚀

轮齿在啮合过程中，齿面接触处将承受循环变化的接触应力，在接触应力的反复作用下，轮齿表面将会出现不规则细线状的初始疲劳裂纹，在润滑油的渗入及多次挤压下，裂纹不断扩展，最终导致齿面金属脱落而形成麻点状凹坑，称为齿面疲劳点蚀，简称点蚀，如图 4-33 所示。

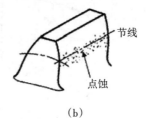

（a）　　　　　　　　　　　（b）

图 4-33　齿面点蚀

疲劳点蚀一般出现在齿根表面靠近节线处。随着点蚀的不断扩展，齿廓表面被破坏，振动增大，产生噪音，造成传动不平稳，承载能力下降。

通过提高齿面硬度、增大润滑油黏度、提升齿面加工精度等，可减缓或防止点蚀产生。

（三）齿面胶合

齿面胶合如图 4-34 所示，是相啮合轮齿齿面，在一定压力和温度作用下，直接接触发生黏着，随着齿面的相对运动，使金属从齿面上撕落而引起的一种严重黏着现象。

胶合常在齿顶或靠近齿根的齿面上产生，沿滑动方向有深度、宽度不等的条状粗糙沟纹。

 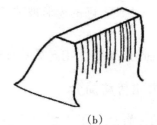

（a）　　　　　　　　　　　（b）

图 4-34　齿面胶合

齿面胶合的出现，会引起强烈的磨损和发热，传动不平稳，导致齿轮失效。

通过减小模数，降低齿高，提高齿面硬度，采用抗胶合性能好的齿轮材料，采用极压润滑油等，可减缓或防止齿面胶合。

（四）齿面磨损

在齿轮啮合传动时，当齿面间落入砂粒、铁屑及非金属物等磨料时，会引起齿面磨损，在磨损表面留有较均匀的条痕，如图 4-35 所示。

 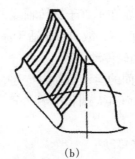

（a）　　　　　　　　　　　（b）

图 4-35　齿面磨损

（五）齿面塑性变形

当齿面较软、载荷和摩擦力很大时，齿面表层的金属可能沿摩擦力的方向产生塑性流动而破坏轮齿的渐开线轮廓，这种现象称为齿面塑性变形。如图 4-36 所示，主动轮塑变后，在齿面节线处产生凹槽；从动轮塑变后，在齿面节线处形成凸脊。

塑性变形（凹）

塑性变形（凸）

（a）　　　　　　　　　　　（b）

图 4-36　齿面塑变

齿面塑变的发生使正确的齿形被破坏，传动不平稳，齿厚减薄，抗弯能力下降，轮齿容易折断。

通过提高齿面的硬度，采用高黏度的润滑油可防止或减轻齿面塑性变形。

六、其他齿轮传动简介

（一）斜齿圆柱齿轮传动

斜齿轮的轮齿对齿轮轴线倾斜一个角度，称为螺旋角 β。一对斜齿轮相啮合传动过程中，轮齿先由一端进入啮合逐渐过渡到另一端退出啮合，齿面接触线的长度在啮合过程中逐渐加上，又逐渐卸掉，传动平稳。

斜齿轮传动的特点为：

（1）啮合性能好，传动较平稳，振动、冲击和噪音小；

（2）重合度大，承载能力强；

（3）不发生根切的最小齿数少；

（4）运转过程中会产生轴向推力，需使用止推轴承来承担轴向载荷。

另外，由于斜齿轮在垂直于旋转轴线的平面上有较厚的齿形，同样直径和模数的斜齿轮比直齿轮的强度高，故斜齿轮适于高速、重载、结构紧凑的场合。

（二）直齿圆锥齿轮传动

为了实现相交轴间的运动与动力传递，需要用圆锥齿轮传动。锥齿轮的轮齿分布在一个圆锥体上，因而有大端和小端之分。为了测量和计算方便，通常取大端的参数为标准值。

（三）齿轮与齿条传动

当齿轮的基圆半径无限大时，基圆变成一条直线。发生线将在无穷大的基圆上转动，产生的渐开线是一条直线，齿轮成为齿条。由于其齿形可以包络成渐开线，因而常作为加工圆柱齿轮渐开线轮齿的刀具。用齿条与齿轮啮合可以实现直线运动与圆周运动输出的互换，便于满足直线运动形式的要求。

七、齿轮传动的润滑

润滑对于齿轮传动十分重要，尤其是高速齿轮传动。润滑可以减少摩擦发热、减轻磨损，改善齿轮的工作状况，延长齿轮的使用寿命。

齿轮传动的润滑方式，主要取决于齿轮圆周速度的大小和工作条件。闭式齿轮传动的润滑方式有浸油润滑和喷油润滑两种。当齿轮的圆周速度 v<12m/s 时，常用浸油润滑，如图 4-37 所示，将大齿轮浸入油池中，深度为 10mm 到 1~2 个齿高。运转时大齿轮将油带到啮合面上进行润滑。对于开式和半开式齿轮传动，由于圆周速度较低，常采用人工定期加油润滑。润滑剂可采用润滑油或润滑脂。在多级齿轮传动中，当几个大齿轮直径不相等时，可采用带油轮带油润滑，如图 4-38 所示。

当齿轮的圆周速度 v>12m/s 时，常采用喷油润滑，即用一定的压力将油喷射到轮齿的啮合面上，如图 4-39 所示。当 v<25m/s 时，喷油嘴置于轮齿的啮入边或啮出边均

可。当 v>25m/s 时，喷油嘴置于齿轮的啮出边，这样喷射油既可以对齿轮进行润滑，又可以迅速冷却啮合过的齿轮。

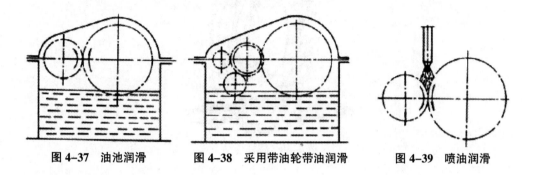

图 4-37　油池润滑　　　　图 4-38　采用带油轮带油润滑　　　　图 4-39　喷油润滑

【知识应用】

某企业要进行技术改造，需选配一对标准直齿圆柱齿轮，已知主动轮转速 n_1=350r/min，要求从动轮转速 $n_2 \approx$ 100r/min，两轮中心距 a=100mm，齿轮齿数 z>17。试确定这对齿轮的齿数和模数。

任务 4　蜗杆传动

【学习目标】

了解蜗杆传动的特点、类型和应用；
掌握圆柱蜗杆传动的主要参数；
掌握蜗杆传动的三向判别；
了解蜗杆传动的散热方法。

【学习重点和难点】

蜗杆传动的运动特性；
圆柱蜗杆传动的主要参数；
蜗杆传动的三向判别。

【任务导入】

蜗杆传动是用于传递交错轴之间的运动和动力，一般两轴交角。蜗杆传动是由蜗杆和蜗轮组成的，如图 4-40 所示，一般蜗杆是主动件，蜗轮是从动件。蜗轮蜗杆传动广泛应用于各种机器、汽车、起重运输机构、冶金机械、军用机械和仪器仪表等传动系统中。

图 4-40　蜗杆传动

【相关知识】

一、蜗杆传动的特点与分类

（一）蜗杆传动的特点

与齿轮传动相比，蜗杆传动具有以下特点：

（1）传动比大。当使用单头蜗杆时，蜗杆旋转一周，蜗轮只转过一个齿，故能实现大的传动比。在动力传动中，一般传动比 i=10~80；在分度机构中或手动机构的传动中，传动比可达 300；若只传动运动，传动比可达 1000。

（2）传动平稳、噪音低。由于蜗杆齿是螺旋齿，它与蜗轮齿啮合是连续齿形，而且处于啮合状态的齿的对数多，啮合时冲击载荷小，故传动平稳，噪音低。

（3）具有自锁性。当蜗杆的螺旋线升角小于啮合副材料的当量摩擦角时，蜗杆具有自锁性，即只能由蜗杆带动蜗轮，而不能由蜗轮带动蜗杆。

（4）传动效率低。由于蜗轮蜗杆在啮合处有较大的相对滑动，因此磨损大，发热量大，效率低。一般传动效率 η=0.7~0.8，具有自锁性的蜗杆传动效率低于 50%，故蜗杆传动主要用于中小功率传动中。

（5）成本高。为了减摩耐磨，控制发热，蜗轮齿圈常用贵重的青铜材料制成，故成本高。

（二）蜗杆传动的类型

按照蜗杆的形状不同分为圆柱蜗杆传动、环面蜗杆传动、锥面蜗杆传动。

圆柱蜗杆传动应用最广泛。这里只对圆柱蜗杆传动加以介绍。

圆柱蜗杆传动包括普通圆柱蜗杆传动和圆弧圆柱蜗杆传动两类。普通圆柱蜗杆传动的蜗杆按加工时刀具安装位置的不同又可分为阿基米德蜗杆（ZA 型）、渐开线蜗杆（ZI 型）、法向直廓蜗杆（ZN 型）等。

1. 阿基米德蜗杆（ZA 蜗杆）

阿基米德蜗杆是齿面为阿基米德螺旋面的圆柱蜗杆。通常是在车床上用刀角 α=20° 的车刀车制而成，切削刃平面通过蜗杆曲线，端面齿廓为阿基米德螺旋线。它可在车床上用直线刀刃的单刀或双刀车削加工。

优、缺点：蜗杆车制简单，精度和表面质量不高，传动精度和传动效率低。头数不宜过多。

应用：头数较少，载荷较小，低速或不太重要的场合。

2. 法向直廓蜗杆（ZN 蜗杆）

法向直廓蜗杆加工时，常将车刀的切削刃置于齿槽中线（或齿厚中线）处螺旋线的法向剖面内，端面齿廓为延伸渐开线。

优、缺点：常用端铣刀或小直径盘铣刀切制，加工简便，利于加工多头蜗杆，可以用砂轮磨齿，加工精度和表面质量较高。

应用：用于机场的多头精密蜗杆传动。

3. 渐开线蜗杆（ZI 蜗杆）

渐开线蜗杆是齿面为渐开线螺旋面的圆柱蜗杆。用车刀加工时，刀具切削刃平面与基圆相切，端面齿廓为渐开线。

优、缺点：可以用单面砂轮磨齿，制造精度、表面质量、传动精度及传动效率较高。

应用：用于成批生产和大功率、高速、精密传动，故最常用。

二、圆柱蜗杆传动的主要参数

垂直于蜗轮轴线且通过蜗杆轴线的平面，称为中间平面。在中间平面内蜗杆与蜗轮的啮合就相当于渐开线齿条与齿轮的啮合。在蜗杆传动的设计计算中，均以中间平面上的基本参数和几何尺寸为基准。

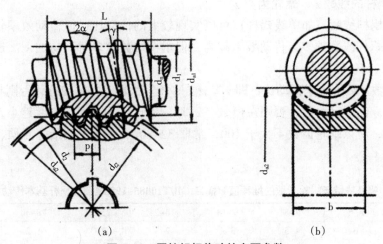

（a）　　　　　　　　　　　　（b）

图 4-41　圆柱蜗杆传动的主要参数

（一）模数 m 和齿型角 α_a

与齿轮传动一样，蜗杆传动的几何尺寸也是以模数为主要计算参数的。阿基米德蜗杆轴向模数 m_{a1}、齿型角 α_{a1} 为标准值。蜗杆和蜗轮正确啮合条件是：在中间平面内蜗杆的轴向模数 m_{a1}、齿型角 α_{a1} 应与蜗轮的端面模数 m_{t2}、齿型角 α_{t2} 相等，蜗杆分度

圆柱导程角 γ 等于蜗轮分度圆柱上的螺旋角，且两者的旋向必须相同。由此可知

$$m_{a1} = m_{t2} = m \qquad \alpha_{a1} = \alpha_{t2} = \alpha = 20°$$

（二）蜗杆导程角 γ、蜗轮的螺旋角 β

蜗杆的导程角是指蜗杆分度圆柱螺旋线的切线与端平面之间的夹角，用 γ 表示，如图 4-41 所示。

蜗轮的螺旋角是指蜗轮分度圆柱轮齿的旋向与轴线之间的夹角，用 β 表示。

由蜗轮和蜗杆的正确啮合条件可知：

$$γ=β$$

导程角越大，传动效率越高，一般 γ=3.5°~55°。若传动效率要求较高时，常取 γ=15°~30°。

（三）蜗杆分度圆直径 d_1 与蜗杆直径系数 q

由于蜗轮是用与蜗杆尺寸相同的蜗轮滚刀配对加工而成的，为了限制滚刀的数目，国家标准对每一标准模数规定了一定数目的标准蜗杆分度圆直径 d_1。

$$d_1 = mq$$

式中，q 是蜗杆的直径系数，即蜗杆分度圆直径和模数的比。

蜗杆的直径系数与蜗杆导程角之间的关系为

$$q = z_1/\tanγ$$

当蜗杆线数 z_1 一定时，蜗杆直径系数 q 值越小，则导程角 γ 越大，效率越高。但会使蜗杆的强度、刚度降低。在蜗杆刚度允许的情况下，设计蜗杆传动时，要求传动效率高时，d_1 可以选小值，当要求强度和刚度大时，d_1 选大值。

（四）蜗杆的线数 z_1、蜗轮齿数 z_2

较少的蜗杆线数（如单线蜗杆）可以实现较大的传动比，但传动效率较低，可以实现自锁；蜗杆线数越多，传动效率越高，但蜗杆线数过多时不易加工。通常蜗杆线数取为 1、2、4、6。

蜗轮齿数主要取决于传动比，即 $z_2 = iz_1$。z_2 不宜太小（如 $z_2<28$），否则将使传动平稳性变差。z_2 也不宜太大，否则在模数一定时，蜗轮尺寸越大，刚度越小，影响传动的啮合精度，所以蜗轮齿数不大于 100，常取 32~80。z_1、z_2 之间最好互质，利于磨损均匀，见表 4-7。

表 4-7　蜗杆线数与蜗轮齿数的推荐值（摘自 GB/T10085-1988《圆柱蜗杆基本传动参数》）

i	5~6	7~8	9~13	14~24	25~27	28~40	>40
z_1	6	4~5	3~4	2~3	2~3	1~2	1
z_2	29~36	28~40	27~52	28~72	50~81	28~80	>40

（五）中心距 a

蜗杆传动的标准中心距为

$$a = (d_1 + d_2)/2 = m(q + z_2)/2$$

为便于大批生产，减少箱体类型，有利于标准化、系列化，国标中对一般圆柱蜗

杆减速装置的中心距推荐为：40，50，63，80，100，125，160，（180），200，（225），250，（280），315，（335），400，（450），500。

三、蜗杆传动的方向判别

蜗杆传动的三向为蜗杆（蜗轮）的旋向、蜗杆转向、蜗轮转向。在蜗杆传动中，蜗轮、蜗杆的旋向是一致的，即同为右旋或同为左旋。蜗轮的回转方向取决于蜗杆的旋向和蜗杆的回转方向，通常用左（右）手定则的方法来判定，具体方法如表4-8所示。

表4-8 蜗杆传动的方向判别

要求		图例	判定方法
判定蜗杆（蜗轮）旋向	蜗杆		伸出右手，掌心朝着自己的脸，四指指向与蜗杆（蜗轮）的轴线方向一致，则大拇指指向与蜗杆（蜗轮）螺旋线一致的为右旋；反之为左旋
	蜗轮		
判定蜗轮的回转方向			左旋蜗杆用左手，右旋蜗杆用右手，四指弯曲的方向表示蜗杆的回转方向，拇指伸直代表蜗杆轴线，则拇指所指方向的反方向为蜗轮上啮合点的线速度方向

四、散热

蜗杆传动工作时发热量大，如果不及时散去产生的热量，会使润滑油稀释，从而增大摩擦损失，甚至发生胶合。通常采取的措施有：

（1）加散热片以增大散热面积；
（2）在蜗杆轴端加装风扇以加速空气的流通；
（3）在传动箱内装循环冷却管路；
（4）在箱体内加装蛇形散热管，利用循环水进行冷却。

【知识应用】
蜗杆传动与齿轮传动相比有何特点？常用于什么场合？

任务 5 螺旋传动

【学习目标】
掌握螺纹的形成和基本参数；
掌握螺旋传动的分类；
了解螺旋机构的工作原理、特点和应用形式。

【学习重点和难点】
螺纹的基本参数；
螺旋传动的分类和应用形式。

【任务导入】
螺旋传动是由螺杆和螺母的旋合来传递运动和动力的，它能将主动件的旋转运动转变为从动件的往复直线运动，是一种应用较为广泛的传动机构。

【相关知识】
螺旋传动的特点：结构简单，传动连续、平稳，承载能力大，传动精度高，但在传动中磨损较大且效率低。

常用的螺旋传动有普通螺旋传动、差动螺旋传动和滚珠螺旋传动等。

一、普通螺旋传动

（一）普通螺旋传动方式
普通螺旋传动是指由螺杆和螺母组成的简单螺旋副，其常见应用形式如表 4-9 所示。

表 4-9 普通螺旋传动的应用形式

应用形式	应用实例	工作过程
螺母固定不动，螺杆回转并做直线运动	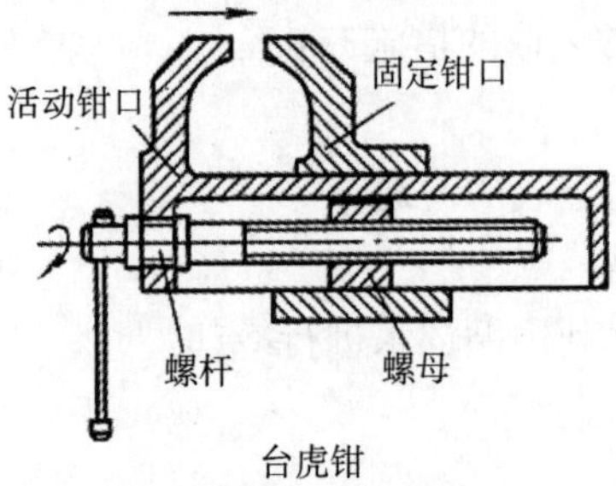 台虎钳	当螺杆按图示方向相对螺母做回转运动时，螺杆连同活动钳口向右做直线运动，与固定钳口实现对工件的夹紧；当螺杆反向回转时，活动钳口随螺杆左移，松开工件

续表

应用形式	应用实例	工作过程
螺杆固定不动，螺母回转并做直线运动	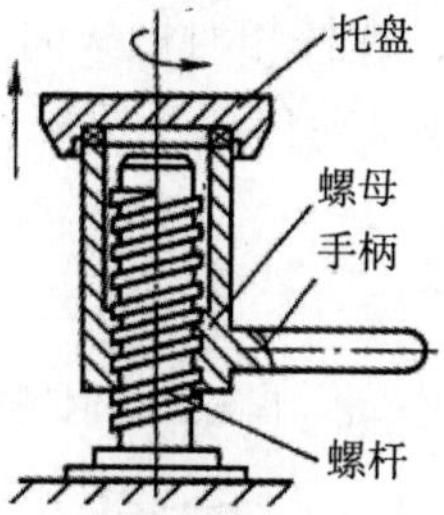 螺旋千斤顶	螺杆连接于底座上固定不动，转动手柄使螺母回转，并做上升或下降的直线移动，从而举起或放下托盘
螺杆原位回转，螺母做直线运动	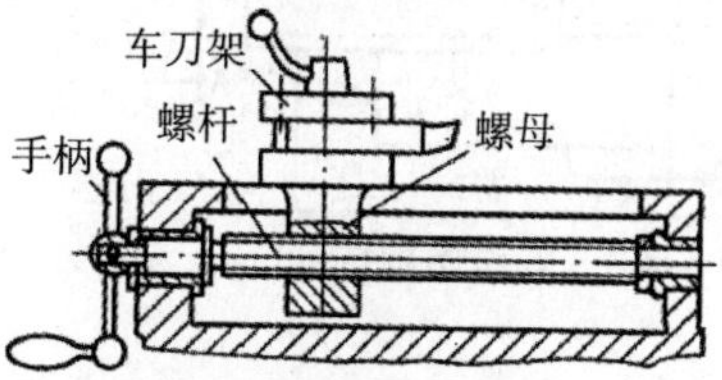 车床横刀架	转动手柄时，与手柄固定在一起的螺杆便使螺母带动车刀架做横向往复运动，从而在切削工件时实现进刀和退刀
螺母原位回转，螺杆做直线运动	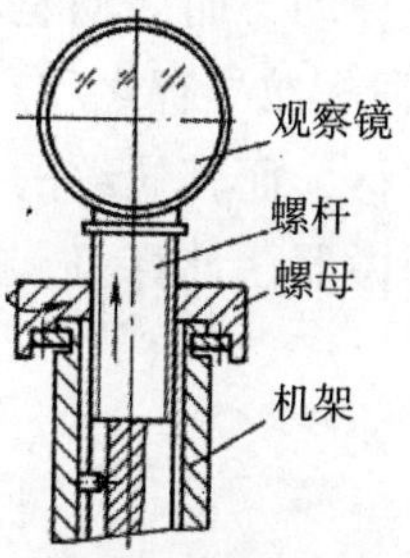 观察镜调整装置	螺杆和螺母为左旋螺纹，当螺母按图示方向回转运动时，螺杆带动观察镜向上移动；螺母反向回转时，螺杆连同观察镜向下移动，从而实现对观察镜的上下调整

（二）普通螺旋传动直线移动方向的判定

普通螺旋传动时，从动件做直线移动的方向，不仅与螺纹的转动方向有关，还与螺纹的旋向有关。

从动件做直线移动方向的判定方法为：左（右）手定则。

左旋螺纹用左手，右旋螺纹用右手；手握空拳，四指指向螺杆或螺母的转动方向，大拇指竖直。

若螺杆和螺母其中一个固定不动，另一个做转动且移动，则大拇指指向即为螺杆或螺母的移动方向。

若螺杆和螺母其中一个做原位旋转运动，另一个做直线移动，则大拇指的相反方向即为螺杆或螺母的移动方向。

二、差动螺旋传动

由两个螺旋副组成的使活动螺母与螺杆产生差动（即不一致）的螺旋传动称为差动螺旋传动。

如图 4-42 所示，螺杆分别与活动螺母和机架组成两个螺旋副，机架上为固定螺母，活动螺母不能回转而只能沿机架的导向槽移动。设机架和活动螺母的旋向同为右旋，当以如图 4-42 所示方向回转螺杆时，螺杆相对机架向左移动，两活动螺母相对螺杆向右移动，这样活动螺母先对机架实现差动移动，螺杆每转一转，活动螺母实际移动距离为两段螺纹导程之差。

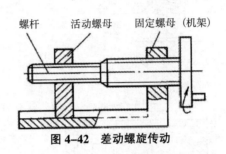

图 4-42　差动螺旋传动

如果机架上螺母螺纹旋向仍为右旋，活动螺母的螺纹旋向为左旋，则以如图 4-42 所示方向回转螺杆时，螺杆相对机架向左移动，而活动螺母相对螺杆也向左移动，螺杆每转一转，活动螺母实际移动距离为两段螺纹导程之和。

差动螺旋传动机构可以产生极小的位移，而其螺纹的导程并不需要很小，加工较容易。所以，差动螺旋传动机构常用于测微器、计算机、分度机及精密切削机床、仪器和工具中。

三、滚珠螺旋传动

如图 4-43(a) 所示，滚珠螺旋传动主要由滚珠、螺杆、螺母及滚珠循环装置组成。其工作原理是：在具有螺旋槽的螺旋杆与螺母之间，连续填满滚珠作为中间体，当螺杆与螺母相对转动时，滚珠在螺纹滚道内滚动，使螺杆与螺母间以滚动摩擦代替滑动摩擦，从而提升传动效率和传动精度，如图 4-43(b) 所示。

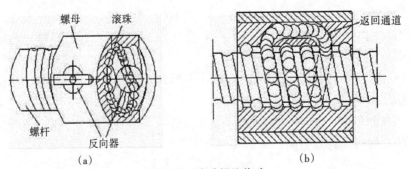

图 4-43　滚珠螺旋传动

滚珠螺旋传动按滚珠循环方式不同，可分为内循环式（见图 4-44）和外循环式（见图 4-45）两种。

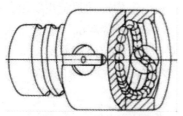

图 4-44 螺旋槽式内循环式

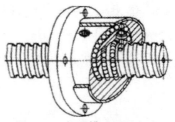

图 4-45 螺旋槽式外循环式

滚珠螺旋传动机构的特点为：

（1）摩擦系数小，传动效率高；

（2）磨损小，寿命长，精度保持性好；

（3）灵敏度高，传动平稳；

（4）不具有自锁性，可将直线运动变为回转运动；

（5）制造工艺复杂，成本高；

（6）在垂直安装时不能自锁，需要附加制动机构；

（7）承载能力不如普通螺旋机构大。

滚珠螺旋传动机构多用于车辆转向机构及对传动精度要求较高的场合。

【知识应用】

通过观察生活、深入生产实际或上网搜集资料，分别列举出普通螺旋传动的四种基本形式的应用实例。

任务 6　轮系

【学习目标】

熟悉轮系的分类；

了解轮系的应用；

掌握定轴轮系的传动比计算。

【学习重点和难点】

轮系的种类；

定轴轮系传动比计算。

【任务导入】

齿轮传动在各种机器和机械设备中应用广泛，但为了减速、增速、变速等特殊用途，往往不能只靠一对齿轮来完成，经常需要采用一系列相互啮合的齿轮组成的传动系统——轮系。图 4-46 所示为机械手表结构图。机械手表的传动系统主要由分针、时针及秒针等系列构件组成。分针与时针、秒针与分针的传动比为 60，通过二级齿轮传动实现从秒针到时针的传动，传动比达到 3600，该传动系统结构很紧凑，可实现大传动比。在本任务的学习中，将学习如何分析轮系的类型、功用及传动比计算。

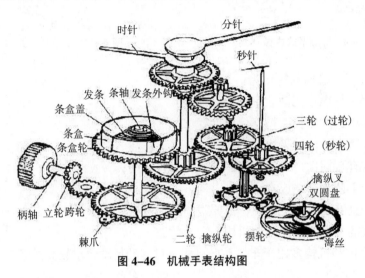

图 4-46　机械手表结构图

【相关知识】

一、轮系的种类

按轮系传动时各齿轮的几何轴线是否相对固定，轮系可分为定轴轮系、周转轮系和复合轮系三大类。

（一）定轴轮系

当轮系运转时，所有齿轮的几何轴线位置相对机架固守不变，称为定轴轮系，也称普通轮系。定轴轮系还可以根据各齿轮轴线间的相对位置作进一步的划分。由轴线相互平行的齿轮组成的定轴轮系，称为平面定轴轮系，如图 4-47 所示；包含蜗轮蜗杆、锥齿轮等在内的定轴轮系，称为空间定轴轮系，如图 4-48 所示。

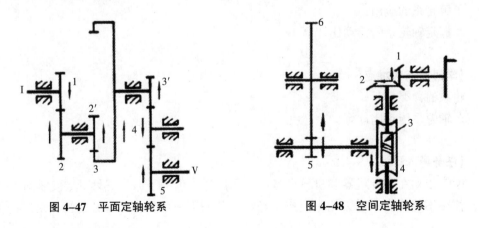

图 4-47　平面定轴轮系　　　　　　图 4-48　空间定轴轮系

（二）周转轮系

轮系运转时，至少有一个齿轮轴线的位置不固定，而是绕某一固定轴线回转，称该轮系为周转轮系。

如图 4-49 所示的轮系中，齿轮 1、齿轮 3 都是绕固定的轴线 OO 转动的，这种齿轮称为太阳轮。构件 H 也是绕固定的轴线 OO 转动的。齿轮 2 活套在构件 H 的小轴上。当构件 H 回转时，齿轮 2 一方面绕自己的轴线 O′ 转动，另一方面又随着构件 H 一起绕固定轴线 OO 转动，就像行星的运动一样，兼有自转和公转，故齿轮 2 称为行星轮。支承行星轮的构件 H 称为系杆。在周转轮系中，一般是以中心轮和系杆作为运动的输入和输出构件，故称它们为周转轮系的基本构件。基本构件都是围绕同一固定轴线转动的。

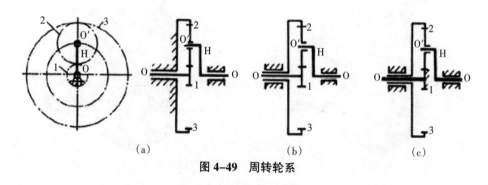

图 4-49　周转轮系

周转轮系分行星轮系和差动轮系两种。有一个太阳轮的转速为零（即固定）的周转轮系称为行星轮系，如图 4-49(a)、图 4-49(c) 所示。太阳轮的转速都不为零的周转轮系称为差动轮系，如图 4-49(b) 所示。

（三）组合轮系

工程中有的轮系既包括定轴轮系，又包含周转轮系，或直接由几个周转轮系组合而成。机械传动中由定轴轮系和周转轮系构成的复杂轮系称为组合轮系。如图 4-50 所示的汽车差速器。图 4-51 所示为蜗轮螺旋桨发动机减速器传动简图，也是组合轮系的应用实例。

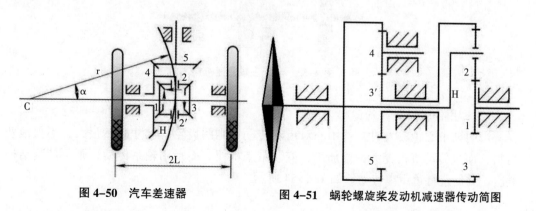

图 4-50　汽车差速器　　　图 4-51　蜗轮螺旋桨发动机减速器传动简图

二、轮系的应用

（一）用于换向机构

在主动轴转向不变的情况下，利用惰轮可以改变从动轮的转向。如图 4-52 为车床上走刀丝杠的三星轮换向机构，扳动手柄可实现两种传动方案。

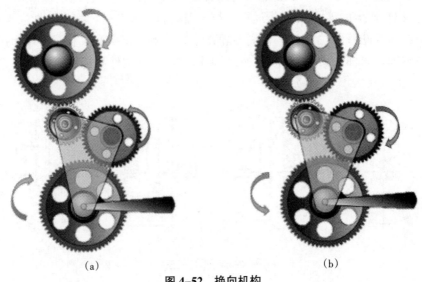

（a）　　　　　　　　　　　　　　　　　　（b）

图 4-52　换向机构

（二）用于变速机构

变速机构是用来改变从动轮转速的机构。图 4-53 所示为车床主轴变速机构。

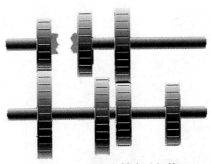

图 4-53　车床主轴变速机构

（三）用作较远距离的传动

当两轴中心距较大时，若用一对齿轮传动，则两齿轮的尺寸必然很大，不仅浪费材料，而且传动机构庞大，给加工、安装带来不便。而采用轮系传动，则可使其结构紧凑，并能进行远距离传动。如图 4-54 所示。

图 4-54　较远距离的传动

（四）获得很大的传动比

用一对相互啮合的齿轮传动，受结构的限制，传动比不能过大，而采用轮系传动，就可以获得很大的传动比。例如，要求实现传动比为 100，若仅用一对齿轮，则大轮直径将为小轮直径的 100 倍；若采用三级的轮系，则大轮直径可大为减小。

（五）实现运动的合成与分解

采用差动轮系可以将两个独立的回转运动合成为一个回转运动，也可将一个回转运动分解为两个独立的回转运动。

1. 实现运动的合成

差动轮系有两个自由度，只有给定三个基本构件中任意两个的运动后，第三个基本构件的运动才能确定。这就是说，第三个基本构件的运动为另外两个基本构件运动的合成。

如图 4-55 所示的圆锥齿轮差动轮系，亦常用来做运动的合成。差动轮系的这一性能，在机床、计算机和补偿装置中得到了广泛的应用。

图 4-55　圆锥齿轮差动轮系

2. 用作运动的分解

利用差动轮系还可以将一个基本构件的转动按所需的比例分解为另外两个基本构件的转动。

图 4-50 所示的汽车后桥差速器中，构件 5、构件 4 组成定轴轮系，轮 4 固连着行星架 H，H 上装有行星轮 2 和行星轮 2′。齿轮 1、齿轮 2、齿轮 2′、齿轮 3 及行星架 H 组成一差动轮系，它可将发动机传给齿轮 5 的运动分解为太阳轮 1、太阳轮 3 的不同运动。

三、定轴轮系的传动比

定轴轮系是机械工程中应用最为广泛的传动装置，可用于减速、增速、变速，实现运动和动力的传递与变换。

轮系的传动比是指轮系中首末两轮角速度或转速之比，常用字母"i_{1N}"表示，其右下角用下标表明其对应的两轮，例如表示轮 1 与轮 7 的传动比。确定一个轮系的传动比包含以下两方面内容：①计算传动比的大小；②确定输出轮的传动方向。

（一）定轴轮系传动比的计算

现以图 4-56 所示定轴轮系为例，讨论其传动比计算方法。该轮系中，齿轮 1、齿轮 2，齿轮 3'、齿轮 4 和齿轮 4、齿轮 5 是三对外啮合圆柱齿轮，齿轮 2'、齿轮 3 是一对内啮合圆柱齿轮。如果齿轮 1 为首轮，齿轮 5 为末轮，则此轮系的传动比为 $i_{15} = n_1/n_5$。

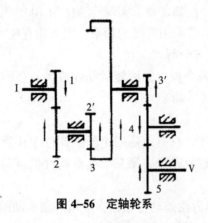

图 4-56　定轴轮系

设轮系中各齿轮的齿数分别为 z_1、z_2、z_2'、z_3、z_3'、z_4 及 z_5，各齿轮的转速分别为 n_1、n_2、n_2'、n_3、n_3'、n_4 及 n_5，轮系中各对啮合齿轮的传动比如下：

$$i_{12} = n_1/n_2 = z_2/z_1$$

$$i_{2'3} = n_{2'}/n_3 = n_2/n_3 = z_3/z_{2'}$$

$$i_{3'4} = n_{3'}/n_4 = n_3/n_4 = z_4/z_{3'}$$

$$i_{45} = n_4/n_5 = z_5/z_4$$

将上列各对齿轮的传动比连乘起来，可得：

$$i_{12} \cdot i_{2'3} \cdot i_{3'4} \cdot i_{45} = i_{15}$$

当用齿数来表示总传动比时

$$i_{15} = \left(\frac{z_2}{z_1}\right)\left(\frac{z_3}{z_{2'}}\right)\left(\frac{z_4}{z_{3'}}\right)\left(\frac{z_5}{z_4}\right) = \frac{z_2\, z_3\, z_5}{z_1\, z_{2'}\, z_{3'}}$$

上式表明：定轴轮系的传动比等于组成该轮系的各对啮合齿轮传动比的连乘积，其大小等于各对啮合齿轮中所有从动轮齿数的连乘积与所有主动轮齿数的连乘积之比。

根据上述分析，若以 S 表示首轮，L 表示末轮，则总传动比可表示成下列形式：

$$i_{SL} = \frac{n_s}{n_L} = (-1)^k \frac{\text{齿轮 S 到 L 所有从动齿轮齿数连乘积}}{\text{齿轮 S 到 L 所有主动齿轮齿数连乘积}}$$

（二）轮系中转向关系的确定

1. 箭头法

轮系中首末两轮的转向关系可以用画箭头的方法表示。因为一对啮合传动的圆柱齿轮或圆锥齿轮在其啮合节点处的圆周速度是相同的，所以标志两者转向的箭头不是同时指向节点，就是同时背离节点。根据此法则，在上述轮系中，设首轮 1 的转向已知，并如箭头所示，则其余各轮的转向不难一次用箭头标出，由图 4-56 可知，该轮系首末两轮的转向相反。

2. 计算法

如图 4-57 所示，对于平面齿轮系传动，一对外啮合圆柱齿轮传动，转向相反，在计算公式前面加"−"号；一对内啮合圆柱齿轮传动，转向相同，在计算公式前面加"+"号。

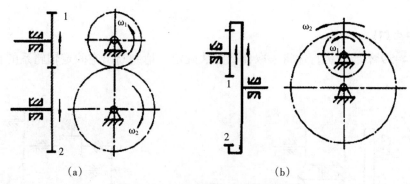

图 4-57 一对齿轮传动的转向关系

如果传动比的计算结果为正，则表示输入轴与输出轴转向相同，为负则表示它们的转向相反。在图 4-56 所示轮系中，齿轮 4 同时与齿轮 3′ 和齿轮 5 啮合，它既是主动轮又是从动轮，其齿数在传动比计算公式中可以消去，它虽不影响传动比的大小，但改变了首末两轮的转向关系，这种齿轮称为惰轮。

根据上述分析，若以 S 表示首轮，L 表示末轮，k 表示外啮合的次数，并能用"±"表示首末轮的转向关系时，则总传动比可表示成下列形式：

$$i_{SL} = \frac{n_S}{n_L} = (-1)^k \frac{\text{从 S 到 L 所有从动齿轮齿数连乘积}}{\text{从 S 到 L 所有主动齿轮齿数连乘积}}$$

【例 4-2】如图 4-58 所示的定轴齿轮系，已知 $z_1=20$，$z_2=30$，$z_2'=20$，$z_3=60$，$z_3'=20$，$z_4=20$，$z_5=30$，$n_1=100\text{r/min}$，逆时针方向转动，求末轮的转速和转向。

解：根据定轴齿轮系传动比公式，并考虑齿轮 1 到齿轮 5 间有 3 对外啮合齿轮，故：

$$i = \frac{n_1}{n_5} = (-1)^3 \frac{z_2 z_3 z_5}{z_1 z_2' z_3'} = -6.75$$

末轮 5 的转速：

$$n_5 = \frac{n_1}{i_{15}} = \frac{100}{-6.75} = -14.8 \ (\text{r/min})$$

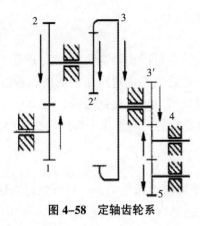

图 4-58 定轴齿轮系

负号表示末轮 5 的转向与首轮 1 相反，顺时针转动。

【知识应用】

若图 4-59 不能确定，你将采取什么方法确定，请判断出空间定轴轮系的首末两轮转向。

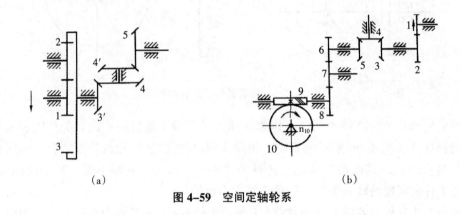

（a）   （b）

图 4-59 空间定轴轮系

复习与思考题

4-1. 普通 V 带的结构是由哪几部分组成的？

4-2. 典型 V 带轮有哪几种？

4-3. 带传动的张紧方法有哪些？

4-4. V 带传动中张紧轮一般安装在什么位置？

4-5. 套筒滚子链由哪几部分组成？

4-6. 传动时安静无噪音且适用于高速传动的链是哪一种？

4-7. 解读滚子链标记的含义：24A-2-70　　GB1243-2006。

4-8. 当传递功率较大时，可用单排大节距链条，也可用多排小节距链条，此二者各有何特点，各适用于什么场合？

4-9. 小链轮齿数 z_1 不允许过少，大链轮齿数 z_2 不允许过多。这是为什么？

4-10. 齿轮传动的基本要求是什么？渐开线有哪些特性？

4-11. 解释下列名词：分度圆、节圆、基圆、压力角、啮合角、啮合线、重合度。

4-12. 蜗杆传动有哪些基本特点？

4-13. 传动比的符号表示什么意义？

4-14. 如何确定轮系的转向关系？

4-15. 如图 4-60 所示，皮带传动中，已知主动轮 D_1=80mm，n_1=1450r/min，如果从动轮的转速 n_2=950r/min，需要配置从动轮 D_2 的直径是多大？

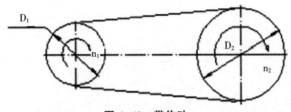

图 4-60　带传动

4-16. 为修配两个损坏的标准直齿圆柱齿轮，现测得，齿轮 1 的参数为：h=4.5mm，d_a=44mm；齿轮 2 的参数为：p=6.28mm，d_a=162mm。试计算两齿轮的模数 m 和齿数 z。

4-17. 若已知一对标准安装的直齿圆柱齿轮的中心距 a=188mm，传动比 i=3.5，小齿轮齿数 z_1=21，试求这对齿轮的 m、d_1、d_2、d_{a1}、d_{a2}、d_{f1}、d_{f2}、p。

4-18. 已知一对外啮合标准直齿圆柱齿轮，大齿轮损坏，要求配置新齿轮，测定的结果是齿顶圆直径为 d_{a2}=97.45mm，齿数为 z_2=37，和它配对的小齿轮的齿数 z_1=17，齿轮中心距 a=54mm，试定出大齿轮的主要尺寸。

4-19. 如图 4-61 所示为蜗杆传动和圆锥齿轮传动的组合，已知输出轴上的锥齿轮 z_4 的转向 n。①欲使中间轴上的轴向力能部分抵消，试确定蜗杆传动的螺旋线方向和蜗杆的转向；②在图中标出各轮轴向力的方向。

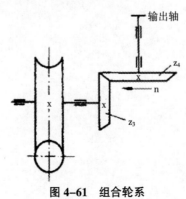

图 4-61　组合轮系

4-20. 如图 4-62 所示，设齿轮 $Z_1=30$，$Z_2=35$，$Z_3=45$；当主动轮转速 $n_1=900r/min$ 时，从动轮转速 n_3 是多少？在图中标出从动轮的旋转方向。

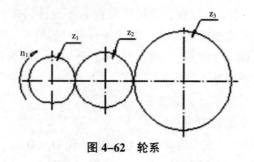

图 4-62　轮系

项目五　机械零件

通过前面的学习，我们知道，组成机构的各个做相对运动的实物称为构件，构件是机构中的运动单元，如内燃机中的曲柄、连杆、活塞等。构件可以是单一的整体，如图 5-1(a) 所示的内燃机连杆。但为了便于制造、安装，构件常由更小的单元装配而成，如图 5-1(b) 所示的内燃机连杆，它是由连杆体、连杆头、轴套、轴瓦、螺杆、螺母和开口销等装配而成的。连杆体、连杆头、轴套、轴瓦、螺杆、螺母和开口销等称为机械零件，简称零件。零件是机器的制造单元，是机器的基本组成要素。机械零件可分为两大类：一类是在各种机器中都能用到的零件，称为通用零件，如齿轮、螺栓、轴承、带及带轮等；另一类则是只在特定类型的机器中才能用到的零件，称为专用零件，如汽车发动机中的曲轴、吊钩、叶片及叶轮等。

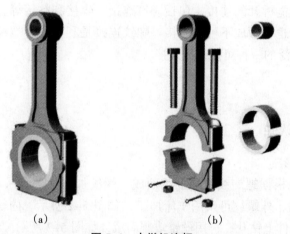

(a)　　　　　　　　　　　　(b)

图 5-1　内燃机连杆

本项目主要介绍轴和轴承、螺纹连接、键连接、花键连接、销连接、联轴器、离合器、制动器等的结构、特点，机器选用和设计的基本方法。

任务 1　螺纹连接

【学习目标】
掌握螺纹的结构、特点、应用；

掌握螺纹标记形式；

掌握螺纹连接的主要类型及应用；

了解螺纹连接的防松方法。

【学习重点和难点】

螺纹的主要参数；

螺纹的标记；

螺纹连接的防松方法。

【任务导入】

机械连接是指实现机械零（部）件之间互相连接功能的方法。机械连接分为两大类：①动连接，即被连接的零（部）件之间可以有相对运动的连接，如各种运动副；②静连接，即被连接零（部）件之间不允许有相对运动的连接。除有特殊说明之外，一般的机械连接是指静连接。

机械静连接又可分为两类：①可拆连接，即允许多次装拆而不失效的连接，包括螺纹连接、键连接（包括花键连接和无键连接）和销连接；②不可拆连接，即必须破坏连接某一部分才能拆开的连接，包括铆钉连接、焊接和粘接等。另外，过盈连接既可做成可拆连接，也可做成不可拆连接。螺纹连接是利用具有螺纹的零件所构成的连接，是应用最为广泛的一种可拆机械连接。

【相关知识】

一、螺纹的认知

（一）螺纹的形成

各种螺纹都是根据螺旋线原理加工而成，螺纹加工大部分采用机械化批量生产。小批量、单件产品，外螺纹可采用车床加工，如图 5-2 所示。内螺纹可以在车床上加工，也可以先在工件上钻孔，再用丝锥攻制而成，如图 5-3 所示。

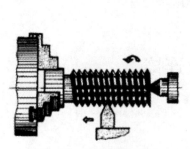

图 5-2 外螺纹的形成

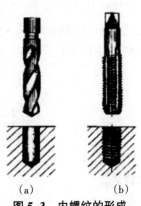

（a）　　　　　（b）

图 5-3 内螺纹的形成

（二）螺纹的种类

螺纹的种类有多种，除了可以实现传动外，也能对零件进行紧固连接。

1. 按螺纹的加工位置分类

在圆柱或圆锥外表面所形成的螺纹称为外螺纹，如图 5-2 所示。

在圆柱或圆锥内表面所形成的螺纹称为内螺纹，如图 5-3 所示。

2. 按螺纹的旋向分类

将螺纹轴线竖直放置，螺纹牙向左上升，称为左旋螺纹，如图 5-4(a) 所示。左旋螺纹只用在较特殊的场合。

将螺纹轴线竖直放置，螺纹牙向右上升，称为右旋螺纹，如图 5-4(b) 所示。一般情况下，若无特别标示，均为右旋螺纹。

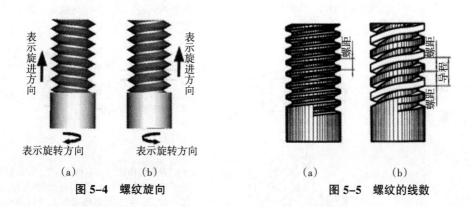

图 5-4　螺纹旋向　　　　　　　　　　图 5-5　螺纹的线数

3. 按螺纹的线数分类

由一条螺旋线绕于基柱上所形成的螺纹，称为单线螺纹，如图 5-5(a) 所示。

由两条或两条以上螺旋线绕于基柱上所形成的螺纹，称为多线螺纹，如图 5-5(b) 所示。为了便于制造，螺纹一般不超过四线。

4. 按螺纹的牙型分类

根据螺纹牙型的不同，螺纹可分为普通螺纹（牙型为三角形）、管螺纹（牙型为三角形）、梯形螺纹、锯齿形螺纹、矩形螺纹等，如表 5-1 所示。

表 5-1　常用螺纹的类型和特点

螺纹类型	牙型	特点
普通螺纹	内螺纹 60° d d_2 d_1 P 外螺纹	牙型为等边三角形，牙型角为 60°，外螺纹牙根允许有较大的圆角，以减少应力集中。同一公称直径的螺纹，可按螺距大小分为粗牙螺纹和细牙螺纹。一般的静连接常采用粗牙螺纹。细牙螺纹自锁性能好，但不耐磨，常用于薄壁件或者受冲击、振动和变载荷的连接中，也可用于微调机构的调整螺纹

螺纹类型	牙型	特点
非螺纹密封的管螺纹		牙型为等腰三角形,牙型角为55°,牙顶有较大的圆角。管螺纹为英制细牙螺纹,公称直径是管子的公称通径,适用于管接头、旋塞、阀门用附件
用螺纹密封的管螺纹		牙型为等腰三角形,牙型角为55°,牙顶有较大的圆角。螺纹分布在锥度为1:16的圆锥管壁上。包括圆锥内螺纹与圆锥外螺纹和圆锥外螺纹与圆柱内螺纹两种连接形式。螺纹旋合后,利用本身的变形来保证连接的紧密性,适用于管接头、旋塞、阀门及附件
矩形螺纹		牙型为正方形。传动效率高,但牙根强度低,螺旋副磨损后,间隙难以修复和补偿。矩形螺纹无国家标准,应用较少,目前逐渐被梯形螺纹所代替
梯形螺纹		牙型为等腰梯形,牙型角为30°,传动效率低于矩形螺纹,但工艺性好,牙根强度高,对中性好。采用剖分螺母时,可以补偿磨损间隙。梯形螺纹是最常用的传动螺纹
锯齿形螺纹		牙型为不等腰梯形,工作面的牙型角为3°,非工作面的牙型角为30°。外螺纹的牙根有较大的圆角,以减少应力集中。内、外螺纹旋合后大径处无间隙,便于对中,传动效率高,而且牙根强度高。适用于承受单向载荷的螺旋传动

注:公称直径相同的普通螺纹有不同大小的距离,其中螺距最大的称粗牙螺纹,其他的则称细牙螺纹。普通粗牙螺纹常用尺寸（包括 d、P、d_1、d_2）查有关手册。

(三) 螺纹的主要参数

螺纹的基本要素包括牙型、直径（大径、小径、中径）、螺距和导程、线数、旋向等。

1. 牙型

在通过螺纹轴线的剖面上,螺纹的轮廓形状称为螺纹牙型。常见的螺纹牙型有三角形（60°、55°）、梯形、锯齿形、矩形等。

2. 螺纹的直径（见图 5-6）

大径 d、D,即公称直径,是指与外螺纹的牙顶或内螺纹的牙底相切的假想圆柱或圆锥的直径。内螺纹的大径用大写字母表示，外螺纹的大径用小写字母表示。

小径 d_1、D_1 是指与外螺纹的牙底或内螺纹的牙顶相切的假想圆柱或圆锥的直径。对于普通螺纹，$d_1/D_1=d/D-1.0825P$（P 为螺距）；对于梯形螺纹，$d_1=d-2h$（h 为牙高）、$D_1=D-P$。

中径 d_2、D_2 是指一个假想的圆柱或圆锥直径，该圆柱或圆锥的母线通过牙型上沟槽和凸起宽度相等的地方。

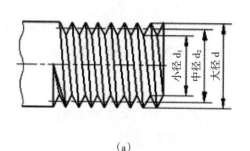 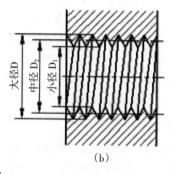

（a）　　　　　　　　　　　　　　　　　（b）

图 5-6　螺纹的直径

公称直径代表螺纹尺寸的直径，指螺纹大径的基本尺寸。

3. 线数

形成螺纹的螺旋线条数称为线数，线数用字母 n 表示。

4. 螺距和导程

相邻两牙在中径线上对应两点间的轴向距离称为螺距，螺距用字母 P 表示；同一螺旋线上的相邻两牙在中径线上对应两点间的轴向距离称为导程，导程用字母 P_h 表示，如图 5-5 所示。线数 n、螺距 P 和导程 P_h 之间的关系为：$P_h=P×n$。

5. 旋向

螺纹分为左旋螺纹和右旋螺纹两种。工程上常用右旋螺纹。

国家标准对螺纹的牙型、大径和螺距做了统一规定。这三项要素均符合国家标准的螺纹称为标准螺纹；凡牙型不符合国家标准的螺纹称为非标准螺纹；只有牙型符合国家标准的螺纹称为特殊螺纹。

二、螺纹的标注

螺纹按国标的规定画法画出后，图上并未表明牙型、公称直径、螺距、线数和旋向等要素，因此，绘制螺纹图样时需要用国家标准规定的格式和相应的代号标注说明。各种常用螺纹的标注方式如下所述：

（一）普通螺纹的标注

根据《普通螺纹　公差》（GB/T 197-2003）规定，普通螺纹的完整标注如下：

$\boxed{\text{螺纹代号}}$公称直径×$\boxed{\text{螺距}}$旋向 $\boxed{\text{中径公差带代号}}$顶径公差带代号 - $\boxed{\text{旋合长度代号}}$

$\boxed{\text{螺纹代号}}$ 普通螺纹特征代号用大写字母"M"表示。

公称直径 该位置阿拉伯数字表示螺纹的公称直径大小。

螺距 同一公称直径的普通螺纹，其螺距分为粗牙（一种）和细牙（多种）。因此，在标注普通细牙螺纹时，必须注出螺距，而普通粗牙螺纹则不需标注螺距。

旋向 当螺纹为左旋时，加注 LH，右旋则不需注明。

中径公差带代号 由表示公差等级的数字和字母组成。大写字母代表内螺纹，小写字母代表外螺纹。

顶径公差带代号 顶径是指外螺纹的大径和内螺纹的小径，若中径公差带代号和顶径公差带代号相同，则只写一组。

旋合长度代号 旋合长度分短（S）、中（N）、长（L）三种，一般选用中旋合长度，且不需注出。特殊场合、重要场合需要标注旋合长度数值，也可直接用数值注出旋合长度值。如"M20-6H-32"，表示旋合长度为 32mm。

（二）管螺纹的标注

在水管、油管、煤气管的管道连接中常用管螺纹，它们是英制螺纹。管螺纹有非螺纹密封的和用螺纹密封的两种。其标注格式有较大区别，现分述如下：

1. 非螺纹密封的管螺纹

螺纹特征代号尺寸代号公差等级代号 – 旋向代号

螺纹特征代号 管螺纹特征代号用 G 表示。

尺寸代号 表示以英寸为单位的管子内径尺寸数值，不是螺纹大径。代号用 $\frac{1}{2}$，$\frac{3}{4}$，1，$1\frac{1}{2}$……表示。

公差等级代号 对外螺纹分 A、B 两级标记，对内螺纹则不标注。

旋向代号 左旋螺纹加注 LH，右旋不标注。

2. 用螺纹密封的管螺纹

用螺纹密封的管螺纹根据《55°密封管螺纹 第 1 部分：圆柱内螺纹与圆锥外螺纹》（GB/T7306.1-2000），其代号分别为圆柱内螺纹 R_p 和与其相配合的圆锥外螺纹 R_1；圆锥内螺纹 R_c 和与其相配合的圆锥外螺纹 R_2；其标注格式如下：

螺纹特征代号、尺寸代号、公差等级代号 – 旋向代号

密封管螺纹代号各组成部分含义与上述非密封管螺纹一致。

需特别注意的是：管螺纹的尺寸代号值的单位为英寸，表示带有外螺纹的管子的近似通径，而不是管螺纹的大径。标注时应使用指引线从大径引出标注出其尺寸代号。管螺纹的大径、小径和螺距，可根据尺寸代号从相应的管螺纹国家标准中查得。管螺纹标注示例如图 5-7 所示。

（三）传动螺纹

传动螺纹主要指梯形螺纹和锯齿形螺纹，它们也用尺寸标注的形式，标注在内、外螺纹的大径上，其标注的具体项目及格式如下：

螺纹代号公称直径 × 导程（P 螺距）旋向 – 中径公差带代号 – 旋合长度代号

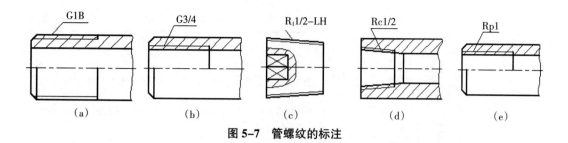

图 5-7　管螺纹的标注

螺纹代号　梯形螺纹的螺纹代号用字母"T_r"表示，锯齿形螺纹的特征代号用字母"B"表示。

公称直径　表示螺纹大径的尺寸。

导程（P 螺距）　多线螺纹标注导程与螺距，单线螺纹只标注螺距。

旋向　右旋螺纹不标注代号，左旋螺纹标注字母"LH"。

中径公差带代号　传动螺纹只标注中径公差带代号。

旋合长度代号　旋合长度只标注"S"（短）、"L"（长），中等旋合长度代号"N"省略标注。

如图 5-8 所示为传动螺纹标注示例。

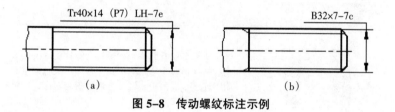

图 5-8　传动螺纹标注示例

三、螺纹连接件及其连接类型

（一）螺纹连接件

螺纹连接件已经标准化，常用的螺纹连接件有螺栓、双头螺柱、螺钉、螺母、垫圈等。设计时应尽量按标准选用。常用螺纹连接件的类型、结构特点和应用如表 5-2 所示。

表 5-2　常用螺纹连接件的类型、结构特点及应用

类型	图例	结构特点及应用
六角头螺栓		应用最广泛，螺杆可制成全螺纹或者部分螺纹，螺距有粗牙和细牙。螺栓头部有六角头和小六角头两种。其中小六角头螺栓材料利用率高、机械性能好，但由于头部尺寸较小，不宜用于装拆频繁、被连接件强度低的场合

类型	图例	结构特点及应用
双头螺栓	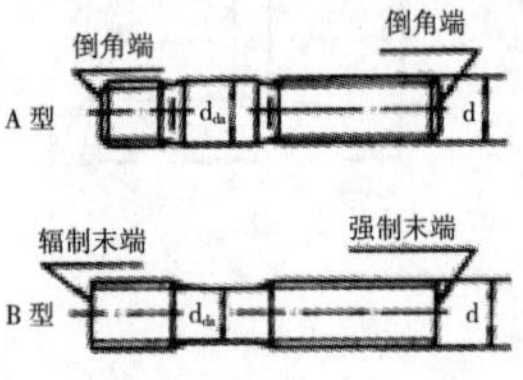	螺栓两头都有螺纹，两头的螺纹可以相同也可以不相同，也可以制成全螺纹的螺柱，螺柱的一端常用于旋入铸铁或者有色金属的螺纹孔中，旋入后不拆卸，另一端则用于安装螺母以固定其他零件
螺钉	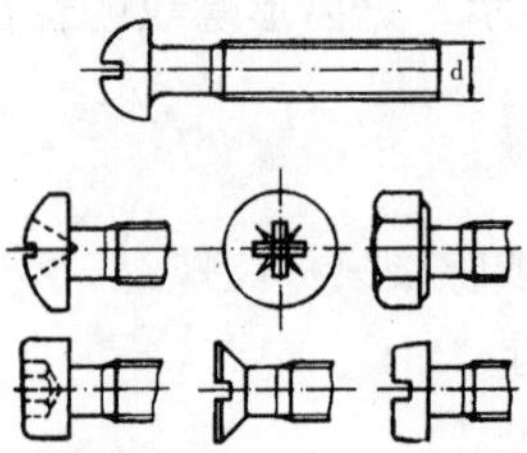	螺钉头部形状有圆头、扁圆头、六角头、圆柱头和沉头等。头部的起子槽有一字槽、十字槽和内六角孔等形式。十字槽螺钉头部强度高、对中性好，便于自动装配。内六角孔螺钉可承受较大的扳手扭矩，连接强度高，可替代六角头螺栓，用于要求结构紧凑的场合
紧定螺钉	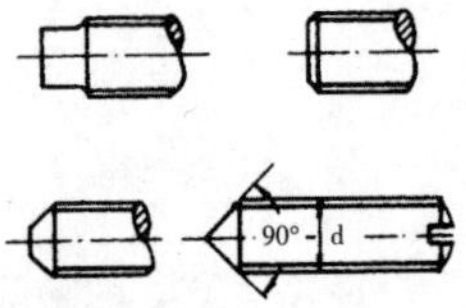	紧定螺钉常用的末端形式有锥端、平端和圆柱端。锥端适用于被紧定零件的表面硬度较低或者不经常拆卸的场合；平端接触面积大，不会损伤零件表面，常用于顶紧硬度较大的平面或者经常装拆的场合；圆柱端压入轴上的凹槽中，适用于紧定空心轴上的零件位置
自攻螺钉	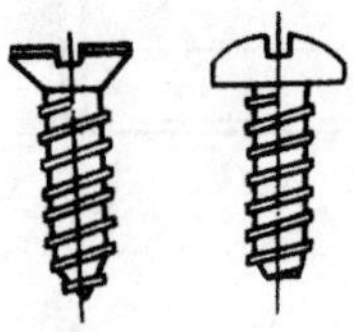	螺钉头部形状有圆头、六角头、圆柱头、沉头等。头部的起子槽有一字槽、十字槽等形式。末端形状有锥端和平端两种。多用于连接金属薄板、轻合金或者塑料零件，螺钉在连接时可以直接攻出螺纹
六角螺母	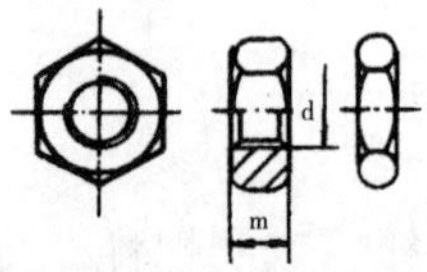	根据螺母厚度不同，可分为标准型和薄型两种。薄螺母常用于受剪力的螺栓上或者空间尺寸受限制的场合
圆螺母	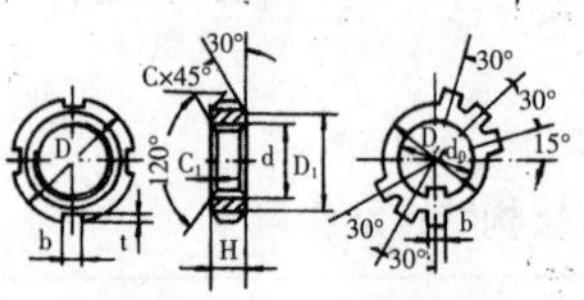	圆螺母常与止退垫圈配用，装配时将垫圈内舌插入轴上的槽内，将垫圈的外舌嵌入圆螺母的槽内，即可锁紧螺母，起到防松作用。常用于滚动轴承的轴向固定
垫圈	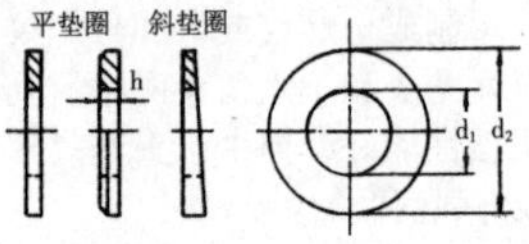	保护被连接件的表面不被擦伤，增大螺母与被连接件间的接触面积。斜垫圈用于倾斜的支承面

158

（二）螺纹连接

螺纹连接的基本类型有普通螺栓连接、双头螺柱连接、螺钉连接和紧定螺钉连接。它们的结构、特点及应用如表 5-3 所示。

表 5-3　螺纹连接的基本类型、特点与应用

类型		结构图	特点与应用
螺栓连接	普通螺栓连接	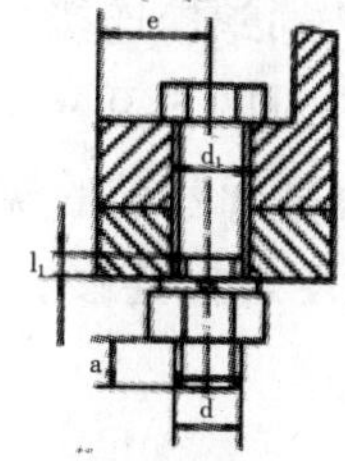	结构简单，装拆方便，采用间隙配合，对通孔加工精度要求低，应用最广泛
	铰制孔用螺栓连接	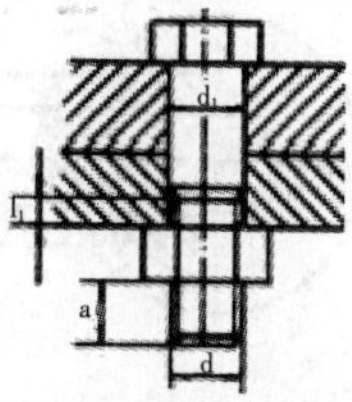	孔与螺栓杆之间没有间隙，采用基孔制过渡配合。用螺栓杆承受横向载荷或者固定被连接件的相对位置
螺钉连接		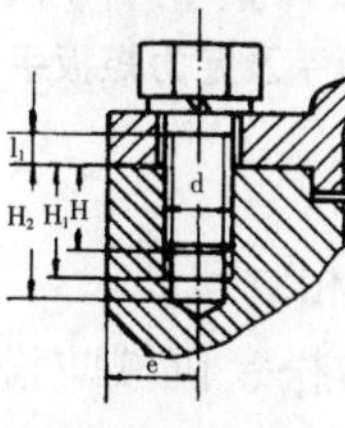	不用螺母，直接将螺钉的螺纹部分拧入被连接件之一的螺纹孔中构成连接。其连接结构简单。用于一通一盲孔连接不常拆的场合
双头螺柱连接		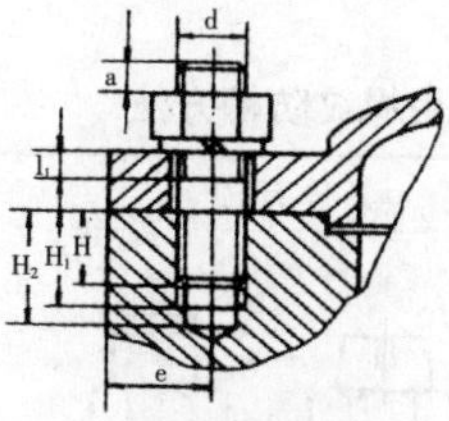	螺栓的一端旋紧在一被连接件的螺纹孔中，另一端则穿过另一被连接件的孔，通常用于一通一盲，常装拆的场合
紧定螺钉连接		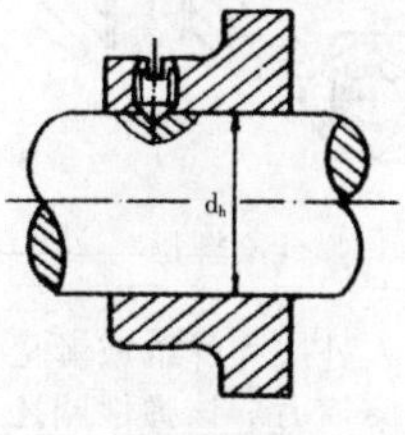	螺钉的末端顶住零件的表面或者顶入该零件的凹坑中，将零件固定；它可以传递不大的载荷

四、螺纹连接的预紧与防松

(一) 螺纹连接的预紧

螺纹连接装配时，一般都要拧紧螺纹，使连接螺纹在承受工作载荷之前，预先受到力的作用，这就是螺纹连接的预紧。

螺纹连接预紧的目的在于增加连接的可靠性、紧密性和防松能力。

预紧力的控制方法有多种。对于一般的普通螺栓连接，预紧力凭装配经验控制；对于较重要的普通螺栓连接，可用测力矩扳手［见图 5-9(a)］或者定力矩扳手［见图 5-9(b)］来控制预紧力大小；对于预紧力控制有精确要求的螺栓连接，可采用测量螺栓伸长的变形量来控制预紧力大小；而对于高强度螺栓连接，可以采用测量螺母转角的方法来控制预紧力大小。

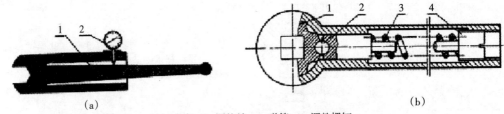

1. 卡盘；2. 圆柱销；3. 弹簧；4. 调整螺钉

图 5-9　测力矩扳手及定力矩扳手

(二) 螺纹连接的防松

螺纹连接防松的本质就是防止螺纹副的相对运动。

按照工作原理来分，螺纹防松有摩擦防松、机械防松、破坏性防松以及黏合法防松等。常用螺纹防松方法如表 5-4 所示。

表 5-4　常用螺纹防松方法

类型	具体方法		
摩擦防松	弹簧垫圈	弹性圈螺母	对顶螺母
	弹簧垫圈材料为弹簧钢，装配后垫圈被压平，其反弹力使螺纹副之间保持压紧力和摩擦力	螺纹旋入处嵌入纤维或者尼龙来增加摩擦力。该弹性圈还可以防止液体泄漏	利用两螺母的对顶作用使螺栓始终受附加拉力和附加摩擦力作用。结构简单，可用于低速重载场合

类型	具体方法		
机械防松	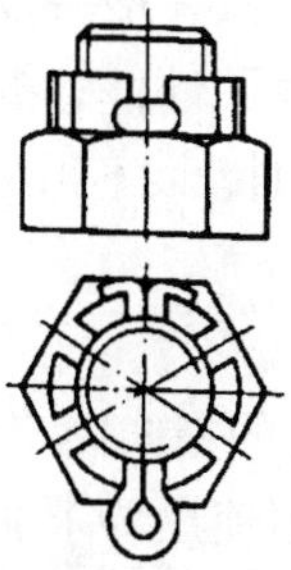 槽形螺母和开口销	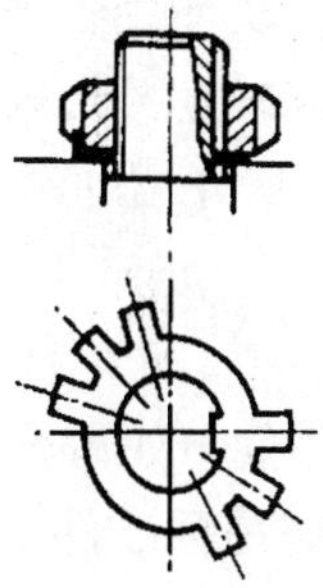 圆螺母用带翅垫片	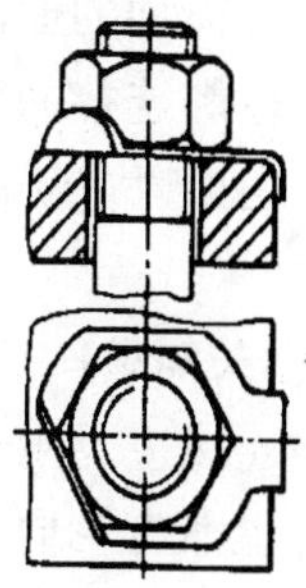 止动垫片
	槽形螺母拧紧后,用开口销穿过螺栓尾部小孔和螺母的槽,也可以用普通螺母拧紧后再配钻开口销孔	使垫片内翅嵌入螺栓(轴)的槽内,拧紧螺母后将垫片外翅之一折嵌于螺母的一个槽内	将垫片折边以固定螺母和被连接件的相对位置
其他防松方法	冲点法防松	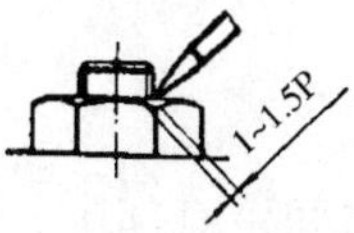	冲点法防松用冲头冲 2~3 点
	黏合法防松	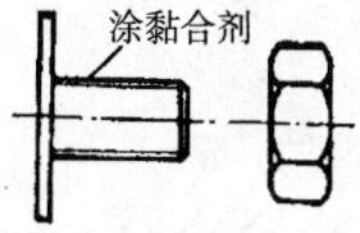	将黏合剂涂于螺纹旋合表面,拧紧螺母后黏合剂能自行固化,防松效果良好

【知识应用】

列举生活中螺纹连接的应用,并说出其具体连接类型。

任务2　键连接

【学习目标】

掌握键连接的特点、类型和应用;

了解键的分类;

掌握查阅键的技术标准的方法,并能正确选用。

【学习重点和难点】

键和键连接的类型与应用;

普通平键的选用方法。

【任务导入】

机器是零部件通过连接实现的有机组合体。由于使用、结构、制造、安置、运输和维修等方面的原因，机械中广泛使用各种连接。连接方式一般可以分为可拆卸连接和不可拆卸连接两种。用可拆卸式连接形式相互连接的零、部件，拆卸后不损坏任何零件，还可以重新连接。本任务所介绍的键连接，即是一种广泛使用的可拆式连接。

【相关知识】

键连接主要用于轴和轴上零件（如齿轮、带轮）之间的周向固定，用以传递转矩，有的键也兼有轴向固定作用。键是标准件，设计时可根据使用要求从标准中选择，并进行验算。

一、键连接的类型和应用

键是标准件，分为平键、半圆键、楔键和切向键等。设计时应根据各类键的结构和应用特点进行选择。

（一）平键连接

平键的两侧面是工作面，上表面与轮毂槽底之间留有间隙，工作时靠键与键槽相互挤压和键受剪切传递扭矩，如图 5-10 所示。平键连接结构简单，对中性能好，拆装方便，应用广泛。

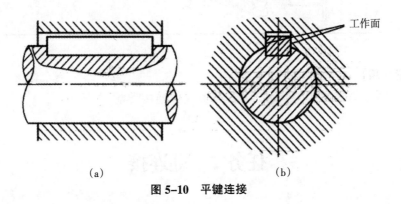

（a）　　　　　　　　　　　　（b）

图 5-10　平键连接

常用的平键有普通平键、导向平键、滑键三种。

1. 普通平键

如图 5-11 所示，普通平键的两侧面是工作面，平键的上表面与轮毂槽底之间留有间隙。这种键的定心性好，装拆方便，应用广泛，但不能承受轴向载荷，零件的轴向固定需其他件来完成。主要用于轴毂间无相对轴向运动的静连接。

普通平键按其结构可分为圆头（称为 A 型）、方头（称为 B 型）和单圆头（称为 C 型）三种，如图 5-11 所示。

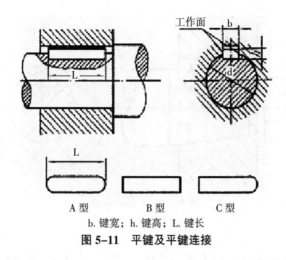

b. 键宽；h. 键高；L. 键长

图 5-11 平键及平键连接

2. 导向平键

导向平键用于轮毂与轴间需要有相对滑动的动连接，如图 5-12 所示。

导向平键用螺钉固定在轴上的键槽中，轮毂沿键的侧面做轴向滑动。导向平键用于轮毂沿轴向移动距离较小的场合。

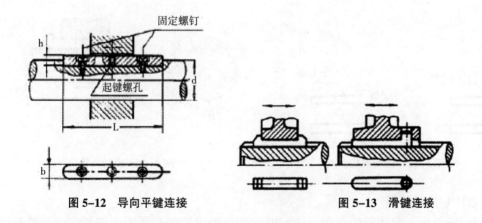

图 5-12 导向平键连接　　　　　　**图 5-13 滑键连接**

3. 滑键

滑键也用于轮毂与轴间需要有相对滑动的动连接，如图 5-13 所示。

滑键是将键固定在轮毂上，随轮毂一起沿轴槽移动。当轮毂的轴向移动距离较大时宜采用滑键连接。

（二）半圆键连接

半圆键是一种半圆形板状零件，工作情况与普通平键相同，安装时可在键槽内绕自身的几何中心转动，以适应轮毂键槽的斜度，键的侧面为工作面，如图 5-14 所示。

半圆键连接的优点是工艺性较好，缺点是轴上键槽较深，对轴的削弱较大，故主要用于轻载荷或锥形轴端的连接中。

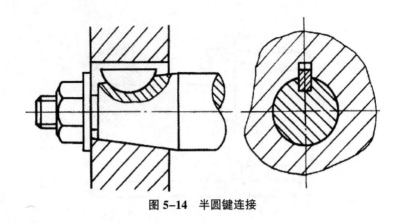

图 5-14　半圆键连接

（三）楔键连接

楔键有普通楔键和钩头楔键两种（见图 5-15）。由图 5-16 可知，楔键的上下面是工作面，键的上表面和轮毂键槽的底面各有 1：100 的斜度，装配时把楔键打入键槽内，使其工作面上产生很大的预紧力，工作时靠此预紧力产生的摩擦力传递转矩，并能承受单方向的轴向力。但由于楔紧时破坏了轴与轮毂的对中性，故楔键仅适用于定心精度要求不高、载荷平稳和低速的连接。

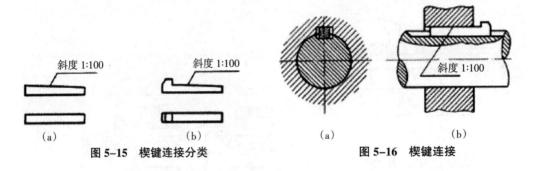

图 5-15　楔键连接分类　　　　　图 5-16　楔键连接

（四）切向键连接

切向键是由一对楔键组成的，装配时将切向键沿轴的切线方向楔紧在轴与轮毂之间，如图 5-17(a) 所示。切向键的上、下面为工作面，工作面上的压力沿轴的切线方向作用，能传递很大的转矩。用一对切向键时，只能单向传递转矩，当要双向传递转矩时，须采用两对互成 120°分布的切向键，如图 5-17(b) 所示。由于切向键对轴的强度削弱较大，因此常用于直径大于 100mm 的轴上。

二、键的选择

（一）连接类型选择

键的类型应根据键连接的结构特点、使用要求和工作条件来确定。选用时应考虑的因素主要包括：需要传递的转矩的大小；连接对中性的要求；键是否需要有轴向固定作用及键在轴上的位置（在轴的中部还是端部）等。

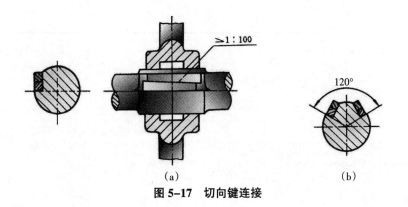

（a）   （b）

图 5-17 切向键连接

（二）尺寸选择

键的主要尺寸为其截面尺寸（一般以键宽 b 和键高 h 表示）与长度 L。b、h、L 的取值按符合标准规格和强度要求来确定。具体而言，键的截面尺寸 b、h 应根据轴径从标准（见表 5-5）中选取，键的长度 L 一般应按轴上零件轮毂的长度而定，即键长略短于轮毂的长度。导向平键则按轮毂的长度及其滑动距离而定。所选定的键长还应尽量符合标准长度系列。

表 5-5 普通平键和键槽的剖面尺寸
（摘自 GB/T 1095-2003《平键 键槽的剖面尺寸》、GB/T 1096-2003《普通型平键》）

单位：mm

轴	键	键槽										
		宽度 b					深度				半径 r	
			极限偏差									
公称直径 d	公称尺寸 b×h	公称尺寸 b	较松键连接		一般键连接		较紧键连接	轴 t		毂 t_1		
			轴 (H9)	毂 (D10)	轴 (N9)	毂 (Js9)	轴和毂 (P9)	公称尺寸	极限偏差	公称尺寸	极限偏差	最小	最大
自 6~8	2×2	2	+0.025 0	+0.060 +0.020	−0.004 −0.029	±0.012 5	−0.006 −0.031	1.2	+0.1 0	1	+0.1 0	0.08	0.16
>8~10	3×3	3						1.8		1.4			
>10~12	4×4	4	+0.030 0	+0.078 +0.030	0 −0.036	±0.015	−0.012 −0.042	2.5		1.8		0.16	0.25
>12~17	5×5	5						3.0		2.3			
>17~22	6×6	6						3.5		2.8			
>22~30	8×7	8	+0.036 0	+0.098 +0.0040	0 −0.036	±0.018	−0.015 −0.051	4.0		3.3			
>30~38	10×8	10						5.0		3.3			
>38~44	12×8	12	+0.043 0	+0.120 +0.050	0 −0.043	±0.021 5	−0.018 −0.061	5.0	+0.2 0	3.3	+0.2 0	0.25	0.40
>44~50	14×9	14						5.5		3.8			
>50~58	16×10	16						6.0		4.3			
>58~65	18×11	18						7.0		4.4			
>65~75	20×12	20	+0.052 0	+0.149 +0.065	0 −0.052	±0.026	−0.022 −0.074	7.5		4.9		0.40	0.60
>75~85	22×14	22						9.0		5.4			

轴	键	键槽											
			宽度b					深度				半径r	
公称直径 d	公称尺寸 b×h	公称尺寸 b	极限偏差					轴 t		毂 t_1			
			较松键连接		一般键连接		较紧键连接						
			轴 (H9)	毂 (D10)	轴 (N9)	毂 (Js9)	轴和毂 (P9)	公称尺寸	极限偏差	公称尺寸	极限偏差	最小	最大
>85~95	25×14	25	+0.052 0	+0.149 +0.065	0 -0.052	±0.026	-0.022 -0.074	9.0	+0.2 0	5.4	+0.2 0	0.40	0.60
>95~110	28×16	28						10.0		6.4			
>110~130	32×18	32						11.0		7.4			
>130~150	36×20	36	+0.062 0	+0.180 +0.080	0 -0.062	±0.031	-0.026 -0.088	12.0		8.4		0.70	1.0
>150~170	40×22	40						13.0		9.4			
>170~200	45×25	45						15.0		10.4			
>200~230	50×28	50						17.0		11.4			
>230~260	56×32	56	+0.074 0	+0.220 +0.100	0 -0.074	±0.037	-0.032 -0.106	20.0	+0.3 0	12.4	+0.3 0	1.2	1.6
>260~290	63×32	63						20.0		12.4			
>290~330	70×36	70						22.0		14.4			
>330~380	80×40	80						25.0		15.4			
>380~440	90×45	90	+0.087 0	+0.260 +0.120	0 -0.087	±0.043 5	-0.037 -0.124	28.0		17.4		2.0	2.5
>440~500	100×50	100						31.0		19.5			
L 系列	6, 8, 10, 12, 14, 16, 18, 20, 22, 25, 28, 32, 36, 40, 45, 50, 56, 63, 70, 80, 90, 100, 110, 125, 140, 160, 180, 200, 220, 250, 280, 320, 360, 400, 450, 500												

【知识应用】

试述平键连接和楔键连接的工作原理及特点。

任务 3　销连接

【学习目标】

掌握销的类型；

了解销的用途。

【学习重点和难点】

销的分类与应用。

【任务导入】

在可拆连接中，销连接也是一种在机械设备与日常生活中应用比较广泛的连接方式，如自行车的脚踏板与中轴的安装，都用销进行固定。

【相关知识】

一、销的类型

销按形状可分为圆柱销 [见图 5-18(a)]、圆锥销 [见图 5-18(b)]、端部带螺纹的圆锥销 [见图 5-18(c)]、开尾圆锥销 [见图 5-18(d)]、开口销 [见图 5-18(e)] 等。

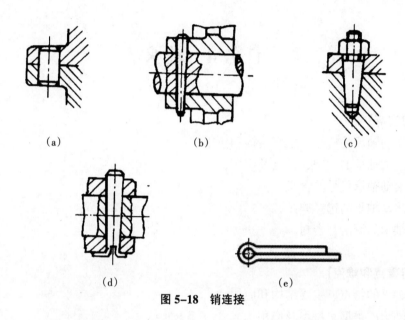

(a) (b) (c)

(d) (e)

图 5-18　销连接

圆柱销用于定位，通常不受载荷或受很小载荷，靠过盈配合固定在销孔中，如果多次装拆，其定位精度会降低。

圆锥销用于连接，有 1∶50 的锥度，安装方便，定位精度高，多次装拆不影响定位精度。

端部带螺纹的圆锥销，可用于盲孔或装拆困难的场合。

开尾圆锥销适用于有冲击、振动的场合。

开口销主要用于连接的防松，不能用于定位，其结构简单，工作可靠，装卸方便。

二、销的功用

(1) 主要用于零件间位置定位 (定位销必须≥2 个)；

(2) 传递不大的载荷 (均有标准)；

(3) 安全保护装置中作为剪断元件。

三、销连接的拆卸及修复

拆卸普通圆柱销和圆锥销时，可用锤子或冲棒向外敲出 (圆锥销由小头敲击)。有螺尾的圆锥销可用螺母旋出，拆卸带内螺纹的圆柱销和圆锥销时，可用与内螺纹相符的螺钉取出，也可以用拔销器拔出。

销钉损坏时，一般进行更换。若销孔损坏或损坏严重时，可重新钻、铰较大尺寸的销孔，换装相适应的销钉。

【知识应用】

销的功用是什么？

任务4　轴承

【学习目标】

了解滑动轴承的特点、主要结构和应用；

熟悉滚动轴承的类型、特点及应用；

掌握滚动轴承代号的含义；

掌握滚动轴承的选择原则；

了解轴承的润滑与密封。

【学习重点和难点】

滑动轴承的特点、主要结构和应用；

滚动轴承的类型、特点及应用；

滚动轴承的标记及代号的含义；

滚动轴承的选择原则。

【任务导入】

轴承是机器中用于支持做旋转运动的轴（包括轴上零件），保持轴的旋转精度和减小轴与支承间的摩擦和磨损的一种支承部件，应用十分广泛。如图 5-19 所示，减速器的高、低速轴上均安装轴承，保证轴的旋转精度，减少与支承间的摩擦、磨损。轴承的选用是否正确，对机器的工作可靠性、寿命、承载能力及效率都有很大的影响。

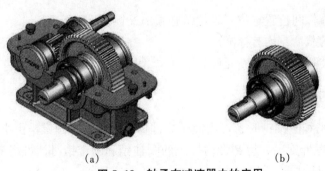

(a)　　　　　　　　　　(b)

图 5-19　轴承在减速器中的应用

【相关知识】

根据工作时的摩擦性质不同，轴承可分为滑动轴承和滚动轴承。滑动轴承结构简单、易于安装，且具有工作平稳、无噪音、耐冲击和承载能力强等优点，所以在汽轮机、精密机床和重型机械中被广泛地应用。滚动轴承的摩擦阻力小，载荷、转速及工作温度的适用范围广，且已标准化，对设计、使用、维护都很方便，因此在一般机器中应用较广。

一、滑动轴承

（一）滑动轴承的类型

滑动轴承按其承受载荷方向的不同主要分为径向滑动轴承（承受径向载荷）和推力滑动轴承（只承受轴向载荷）两种。

1. 径向滑动轴承

径向滑动轴承负载的方向与轴中心线垂直，根据其构造的不同，可分为整体式、剖分式、自动调心式三种

整体式滑动轴承是滑动轴承中构造最简单的一种，是由铸铁或铸钢等高强度且具有抗蚀性的材料整体成形并加工而成，如图 5-20 所示。

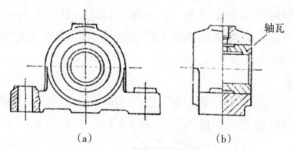

（a）　　　　　　　　　（b）

图 5-20　整体式滑动轴承

整体式滑动轴承结构简单、制造方便、价格低廉，但轴拆装不方便，衬套磨损后不能修补。故一般应用于低速、轻载和间歇工作的场合。

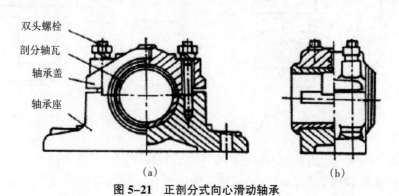

双头螺栓
剖分轴瓦
轴承盖
轴承座

（a）　　　　　　　　　（b）

图 5-21　正剖分式向心滑动轴承

图 5-21 所示为正剖分式向心滑动轴承的典型结构。它是由轴承盖、轴承座、剖分轴瓦和连接螺栓等所组成。安装时为了便于对心，在轴承盖与轴承座的接合面上作出阶梯形的榫口。轴承盖应适当压紧轴瓦，使轴瓦不能在轴承孔中转动。轴承盖上制有螺纹孔，用于安装油杯或油管以供给润滑油。在剖分轴瓦面间，通常装上一些薄垫片以调整轴瓦磨损后的轴承间隙。

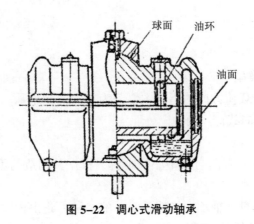

图 5-22　调心式滑动轴承

图 5-22 所示为调心式滑动轴承，其轴承端盖与轴瓦和轴承座之间以球面形成配合，使得轴瓦和轴相对于轴承座可在一定范围内摆动，从而避免在安装误差或轴的弯曲变形较大时，造成轴径与轴瓦端部的局部接触所引起的剧烈偏磨和发热。调心式滑动轴承用于支撑挠度较大或多支点的长轴。

2. 推力滑动轴承

轴上只作用有轴向载荷时，应采用仅能承受轴向载荷的推动滑动轴承。

止推面可以利用轴的端面，也可以在轴的中段作出凸肩或装上推力圆盘，其常用形式如图 5-23 所示。由于两平行平面间不可能形成压动油膜，因此，轴承止推面上需制出多个楔形面或由多个可以倾斜的扇形块组成（见图 5-24）。

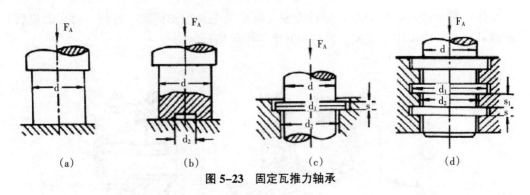

（a）　　　　　　（b）　　　　　　（c）　　　　　　（d）

图 5-23　固定瓦推力轴承

图 5-24（a）中楔形面的倾斜角是固定不变的，称为固定式推力轴承，为了使轴承停止工作时能承受轴向载荷，楔形的顶部应留出平台。图 5-24（b）为可倾式推力轴承，其扇形块支承在带有球状顶部的柱体上，倾斜角可随着载荷的变化而自行调整，因此

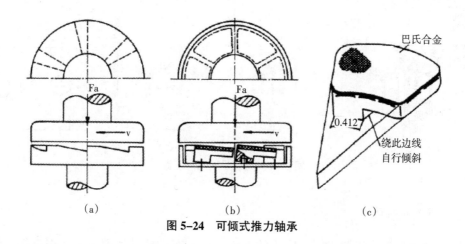

（a）　　　　　　　　　（b）　　　　　　　　（c）

图 5-24　可倾式推力轴承

工作性能更为优越。扇形块数目一般为 6~12，图 5-24（c）为扇形块的放大图。

（二）滑动轴承的应用

滑动轴承主要在以下场合使用：

（1）工作转速很高，如汽轮发电机；

（2）要求对轴的支撑位置特别精确，如精密磨床；

（3）承受巨大的冲击与振动载荷，如轧钢机；

（4）特重型的载荷，如水轮发电机；

（5）根据装配要求必须制成剖分式的轴承，如曲轴轴承；

（6）径向尺寸受到限制时，如多辊轧钢机。

（三）滑动轴承的润滑

1. 润滑剂

滑动轴承润滑的目的在于降低摩擦功耗，减少磨损，同时还起到冷却、吸振、防锈等作用。润滑剂有润滑油，润滑脂和固体润滑剂如石墨、二硫化钼等。轴承能否正常工作和选用的润滑剂正确与否有很大关系，滑动轴承大多用油润滑。对于压强大、有冲击、变化载荷及工作温度较高时宜用大黏度润滑油，轴颈速度较高时宜用小黏度润滑油。压强大、低速或不便加油、要求不高时可用润滑脂。

2. 润滑方法和装置

滑动轴承润滑的方法有间歇供油润滑和连续供油润滑两种。间歇供油润滑用于低速、轻载或间歇工作等不重要场合的轴承，一般采用手工油壶或油枪向油孔进行间歇供油。

连续供油润滑一般用于载荷和速度较高的轴承。连续供油常见的方法有滴油润滑、油环润滑、飞溅润滑和压力油润滑等。如图 5-25 所示的是几种连续供油润滑装置，依次为针阀式注油杯、芯捻供油、油环供油、压力供油。

采用脂润滑时，只能间歇供油，广泛采用黄油杯，旋拧杯盖即可将装在杯中的润滑脂压送到轴承内。

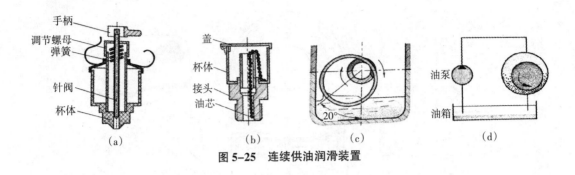

图 5-25　连续供油润滑装置

二、滚动轴承

滚动轴承是现代机器中广泛应用的部件之一。在机械设计中，只需根据滚动轴承的使用条件和工作状况，选择合适的轴承类型和型号，并做好轴承的组合设计。

（一）滚动轴承的构造

滚动轴承一般是由内圈、外圈、滚动体和保持架组成（见图 5-26）。通常内圈随轴颈转动，外圈装在机座或零件的轴承孔内固定不动。内外圈都制有滚道，当内外圈相对旋转时，滚动体将沿滚道滚动。保持架的作用是把滚动体沿滚道均匀地隔开。

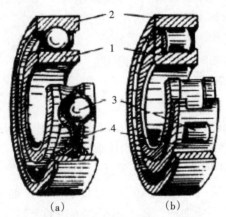

1. 内圈；2. 外圈；3. 滚动体；4. 保持架
图 5-26　滚动轴承结构

滚动体与内外圈的材料应具有高的硬度和接触疲劳强度、良好的耐磨性和冲击韧性。一般用含铬合金钢制造，经热处理后硬度可达 61~65HRC，工作表面须经磨削和抛光。保持架一般用低碳钢板冲压制成，高速轴承多采用有色金属或塑料保持架。

与滑动轴承相比，滚动轴承具有摩擦阻力小、起动灵敏、效率高、润滑简便和易于互换等优点，所以得到广泛应用。它的缺点是抗冲击能力较差，高速时出现噪声，工作寿命也不及滑动摩擦的滑动轴承。由于滚动轴承已经标准化，并由轴承厂大批生产，所以，使用者的任务主要是熟悉标准、正确选用。

图 5-27 给出了不同形状的滚动体，按滚动体形状滚动轴承可分为球轴承和滚子轴

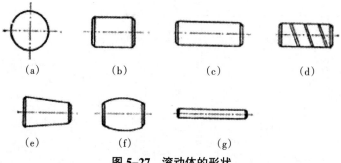

图 5-27 滚动体的形状

承。滚子又分为长圆柱滚子、短圆柱滚子、螺旋滚子、圆锥滚子、球面滚子和滚针等。

（二）滚动轴承的类型

滚动体与外圆接触处的法线与垂直于轴承轴心线的平面之间的夹角 α 称为公称接触角，简称接触角。接触角是滚动轴承的一个主要参数，轴承的受力分析和承载能力等都与接触角有关。接触角越大，轴承承受轴向载荷的能力越大。

按轴承所能承受的载荷方向或公称接触角 α 的不同，滚动轴承可分为向心轴承（主要承受径向载荷，0°）和推力轴承（主要承受轴向载荷，45°）两大类。其中向心轴承又分为径向接触轴承（α=0°的向心轴承）和向心角接触轴承（0°的向心轴承）两种，推力轴承又可分为轴向接触轴承（α=90°的推力轴承）和推力角接触轴承（45°的推力轴承）两种。

按滚动体种类的不同，滚动轴承可分为球轴承和滚子轴承两大类。

按轴承所能承受的载荷方向或接触角及滚动体种类综合分类，滚动轴承又可分为深沟球轴承、角接触球轴承、圆柱滚子轴承、圆锥滚子轴承、推力球轴承等。

我国机械工业中常用滚动轴承的类型和特性如表 5-6 所示。

表 5-6 滚动轴承的主要类型、特点及应用

轴承名称	结构简图承载方向	类型代号	极限转速 n_c	允许角偏差	特性与应用
双列角接触球轴承		0	较高		同时能承受径向载荷和双向的轴向载荷，比角接触球轴承具有较大的承载能力，与双联角接触球轴承比较，在同样载荷作用下能使轴在轴向被更紧密地固定
调心球轴承		1	中	2°~3°	主要承受径向载荷，可承受少量的双向轴向载荷。外圈滚道为球面，具有自动调心性能。适用于多支点轴、弯曲刚度小的轴以及难以精确对中的支承

轴承名称	结构简图承载方向	类型代号	极限转速 n_c	允许角偏差	特性与应用
调心滚子轴承		2	低	0.5°~2°	主要承受径向载荷，其承载能力比调心球轴承约大一倍，也能承受少量的双向轴向载荷。外圈滚道为球面，具有调心性能，适用于多支点轴、弯曲刚度小的轴及难以精确对中的支承
推力调心滚子轴承		2	低	1.5°~2.5°	可承受很大的轴向载荷和一定的径向载荷，滚子为鼓形，外圈滚道为球面，能自动调心。转速可比推力球轴承高。常用于水轮机轴和起重机转盘等
圆锥滚子轴承		3	中	2′	能承受较大的径向载荷和单向的轴向载荷，极限转速较低。内外圈可分离，轴承游隙可在安装时调整。通常成对使用，对称安装。适用于转速不太高，轴的刚性较好的场合
双列深沟球轴承		4	较高	—	主要承受径向载荷，也能承受一定的双向轴向载荷。它比深沟球轴承具有更大的承载能力
推力球轴承		5	低	不允许	只能承受单向轴向载荷，不能承受径向载荷，而且载荷作用线必须与轴线重合，不允许有角偏差。速度过高时，由于离心力大，钢球与保持架摩擦发热严重，会降低使用寿命，故其极限转速很低。常用于轴向负荷大、转速不高场合
深沟球轴承		6	高	8′~16′	主要承受径向载荷，也可同时承受少量双向轴向载荷，工作时内外圈轴线允许偏斜。摩擦阻力小，极限转速高，结构简单，价格便宜，应用最广泛。但承受冲击载荷能力较差，适用于高速场合。在高速时可代替推力球轴承
角接触球轴承		7	较高	2′~10′	能同时承受径向载荷与单向的轴向载荷，公称接触角 α 有 15°、25°、40°三种，α 越大，轴向承载能力也越大。成对使用，对称安装，极限转速较高。适用于转速较高，同时承受径向和轴向载荷场合

轴承名称	结构简图承载方向	类型代号	极限转速 nc	允许角偏差	特性与应用
推力圆柱滚子轴承		8	低	不允许	能承受很大的单向轴向载荷，但不能承受径向载荷。它比推力球轴承承载能力要大，套圈也分紧圈与松圈。极限转速很低，适用于低速重载场合
圆柱滚子轴承		N	较高	2′~4′	只能承受径向载荷。承载能力比同尺寸的球轴承大，承受冲击载荷能力大，极限转速高。对轴的偏斜敏感，允许偏斜较小，用于刚性较大的轴上，并要求支承座孔很好地对中

（三）滚动轴承代号

GB/T 272-1993 规定了滚动轴承代号的表示方法，并要求打印在轴承端面上。一般用途的滚动轴承代号由基本代号、前置代号和后置代号构成，其排序如表 5-7 所示。

表 5-7　滚动轴承代号构成（摘自 GB/T 272-1993《滚动轴承　代号方法》）

前置代号	基本代号				后置代号
成套轴承	×	×	×	× ×	内部结构、公差等级及材料
分部件代号	类型代号	尺寸系列代号		内径代号	
		宽度系列代号	直径系列代号		

1. 基本代号

基本代号由轴承的内径、直径系列、宽度系列和类型构成。

（1）内径代号。用基本代号右起第一、第二位数字表示。常用内径代号的含义如表 5-8 及表 5-9 所示。对于内径小于 10mm 和大于 500mm 的轴承表示方法，可参阅 GB/T272-1993。

表 5-8　轴承内径尺寸代号Ⅰ（摘自 GB/T 272-1993《滚动轴承　代号方法》）

内径代号	00	01	02	03
轴承内径尺寸（mm）	10	12	15	17

表 5-9　轴承内径尺寸代号Ⅱ（摘自 GB/T 272-1993《滚动轴承　代号方法》）

轴承内径尺寸（mm）	内径代号	示例
0.6~10（非整数）	用公称内径毫米数直接表示，在其与尺寸系列代号之间用"/"分开	深沟球轴承 618/2.5 d=2.5mm
1~9（整数）	用公称内径毫米数直接表示，对深沟球轴承及角接触球轴承7、8、9直径系列，内径与尺寸系列代号之间用"/"分开	深沟球轴承 625、618/5 均为 d=5mm

续表

轴承内径尺寸（mm）	内径代号	示例
20~480 （22，28，32 除外）	公称内径除以 5 的商数，商数为个位数，需在商数左边加"0"，如 08	调心滚子轴承 23208 d=40mm
≥500 以及 22、28、32	用工程内径毫米数直接表示，但在与尺寸系列代号之间用"/"分开	调心滚子轴承 230/500 d=500mm 深沟球轴承 62/22 d=22mm

（2）尺寸系列代号。由宽（高）度系列代号和直径系列代号组成，由两位数字表示。直径系列指对应同一轴承内径的外径尺寸系列，宽度系列指对应同一轴承直径系列的宽度尺寸系列；推力轴承以高度系列对应于向心轴承的宽度系列。向心轴承、推力轴承尺寸系列代号如表 5-10 所示（尺寸从上至下，从左至右依次递增）。

表 5-10　滚动轴承尺寸系列代号

直径系列代号	向心轴承								推力轴承			
	宽度系列代号								高度系列代号			
	8	0	1	2	3	4	5	6	7	9	1	2
	尺寸系列代号											
7	—	—	17	—	37	—	—	—	—	—	—	—
8	—	08	18	28	38	48	58	68	—	—	—	—
9	—	09	19	29	39	49	59	69	—	—	—	—
0	—	00	10	20	30	40	50	60	70	90	10	—
1	—	01	11	21	31	41	51	61	71	91	11	—
2	82	02	12	22	32	42	52	62	72	92	12	22
3	83	03	13	23	33	—	—	—	73	93	13	23
4	—	04	—	24	—	—	—	—	74	94	14	24
5	—	—	—	—	—	—	—	—	—	95		

（3）类型代号。用基本代号右起第五位数字或字母表示。表 5-6 中列出了常见的类型代号。类型代号为"0"时省略不标。

2. 前置代号、后置代号

前置、后置代号是轴承在结构形状、尺寸、公差、技术要求等有改变时，在基本代号左、右添加的补充代号。其排列如表 5-11 所示，具体内容十分复杂，可查阅有关手册。

表 5-11　前置、后置代号排列

轴承代号								
前置代号	基本代号	后置代号						
		1	2	3	4	5	6	7	8
轴承的分部件		内部结构	密封与防尘套圈变形	保持架及其材料	轴承材料	公差等级	游隙	配置	其他

（1）前置代号。用于表示轴承的分部件，用字母表示。其代号及含义如表 5-12 所示。

表 5-12　前置代号

代号	含义	示例	代号	含义	示例
L	可分离轴承的可分离内圈或外圈	LNU207 LN207	K	滚子和保持架组件	K81107
R	不带可分离内圈或外圈的轴承（滚针轴承仅适用于 NA 型）	RNU207 RNA6904	WS	推力圆柱滚子轴承座圈	WS81107
			GS	推力圆柱滚子轴承座圈	GS81107

（2）后置代号。

表 5-13　内部结构代号

代号	含义	示例
C	角接触球轴承公称接触角 $\alpha=15°$ 调心滚子轴承 C 型	7005C 23122C
AC	角接触球轴承公称接触角 $\alpha=25°$	7210AC
B	角接触球轴承公称接触角 $\alpha=40°$ 圆锥滚子轴承接触角加大	7210B 32310B
E	加强型	NU207E

后置代号用字母（或加数字）表示。其中，第一组为内部结构代号，表示轴承内部结构变化的情况，如表 5-13 所示。第五组为公差等级代号。滚动轴承的公差等级规定为 0、6、6x、5、4、2 六级，分别用/P0、/P6、/P6X、/P5、/P4、/P2 表示，精度等级按以上次序由低到高。其中"/P0"在轴承代号中省略不标，如表 5-14 所示。

表 5-14　轴承公差等级代号

代号	含义	示例
/P0	公差等级符合标准规定的 0 级（可省略不标注）	6205
/P6	公差等级符合标准规定的 6 级	6205/P6
/P6X	公差等级符合标准规定的 6X 级	6205/P6X
/P5	公差等级符合标准规定的 5 级	6205/P5
/P4	公差等级符合标准规定的 4 级	6205/P4
/P2	公差等级符合标准规定的 2 级	6205/P2

【例 5-1】试说明滚动轴承代号 7207AC/DB 的含义。

解：7 为类型代号，表示角接触球轴承；2 为尺寸系列（02）代号；07 为内径代号，内径 $d=7×5=35mm$；AC 为后置代号，表示接触角 $\alpha=25°$；DB 为后置代号，表示这对轴承的配置方式为背对背配置。

（四）滚动轴承类型的选择

选用滚动轴承时，首先是选择轴承的类型。而轴承类型的选择，则应先明确轴承的工作载荷（包括大小、方向、性质）、转速高低、调心性能及其他特殊要求。具体选择时可参考以下几点：

（1）从轴承的载荷考虑。所受载荷的大小、方向和性质是选择滚动轴承的重要依据。

载荷大小：同样外形尺寸下，滚子轴承的承载能力约为球轴承的 1.5~3 倍，故当载荷较大时，应优先选用滚子轴承。

载荷方向：

1）承受纯径向载荷时，应选用向心轴承；

2）承受纯轴向载荷时，应选用推力轴承；

3）同时承受径向及轴向载荷时，应根据具体情况选择轴承类型。若轴向载荷不大时可选用深沟球轴承；轴向与径向载荷都较大时可选用角接触球轴承或圆锥滚子轴承。

载荷性质：冲击载荷或要求轴支承刚度大时，应选用滚子轴承、双列深沟或角接触球轴承。

（2）从轴承的转速考虑。转速较高、载荷较小或要求旋转精度高时，应优先选用球轴承。

推力轴承的极限转速均很低。当工作转速较高时，如果轴向载荷不十分大，则可以采用角接触球轴承承受纯轴向载荷；纯轴向载荷较小时也可采用深沟球轴承。

（3）从轴承的调心性能考虑。由于安装误差或轴的变形都将引起轴承内、外圈轴线发生相对倾斜，其倾斜角称为角偏差，如图 5-28 所示。当角偏差超过轴承的许用值时，将会缩短轴承的使用寿命。因此当轴承内、外圈可能产生较大角偏差时，应选用可调心的轴承。

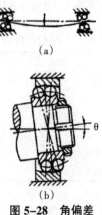

(a)

(b)

图 5-28　角偏差

如重要的细长轴（长度与直径之比大于 25，即 L/D>25 的轴叫细长轴）常用调心滚子轴承，且成对安装。

各类轴承允许的角偏差如表 5-6 所示。

（4）从轴承的安装和拆卸考虑。当轴承座没有剖分而必须沿轴向安装和拆卸轴承时，应优先选用内、外圈可分离的轴承。

（五）滚动轴承的润滑和密封

润滑和密封对滚动轴承的使用寿命有重要的意义。润滑的主要目的是减小摩擦与磨损。密封的目的是防止灰尘、水分等进入轴承，并阻止润滑剂的流失。

1. 滚动轴承的润滑

滚动轴承的润滑剂可以是润滑脂、润滑油或固体润滑剂。

一般情况下，轴承采用润滑脂润滑，但在轴承附近已经具有润滑油源时（如变速箱内本来就有润滑齿轮的油），也可采用润滑油润滑。脂润滑因润滑脂不易流失，故便于密封和维护，且一次充填润滑脂可运转较长时间。

油润滑的优点是比脂润滑摩擦阻力小，并能散热，主要用于高速或工作温度较高的轴承。

润滑油的油量不宜过多，如果采用浸油润滑则油面高度不超过最低滚动体的中心，以免产生过大的搅油损耗和热量。

2. 滚动轴承的密封

滚动轴承密封方法可分两大类：接触式密封和非接触式密封。它们的密封形式、适用范围和性能可查阅表 5-15。

表 5-15　滚动轴承的密封方法

密封方法	图例	说明
接触式密封	毛毡圈密封 	在轴承盖上开出梯形槽，将矩形剖面的毛毡圈放置在梯形槽中与轴接触，对轴产生一定的压力进行密封。这种密封结构简单，但摩擦较严重，主要用于 v<4~5m/s 的脂润滑场合
	密封圈密封 （a）　　　（b）	在轴承盖中放置密封圈，密封圈用皮革、耐油橡胶等材料制成，有的带金属骨架，有的没有骨架。密封圈与轴紧密接触而起密封作用。图（a）密封唇朝里，目的是防漏油，图（b）密封唇朝外，目的是防灰尘、杂质进入
非接触式密封	间隙密封 	在轴与轴承盖的通孔壁间留 0.1~0.3mm 的极窄缝隙，并在轴承盖上车出沟槽，在槽内填满油脂，以起密封作用。这种形式结构简单，多用于 v<5~6m/s 的场合

密封方法	图例	说明
非接触式密封	迷宫式密封 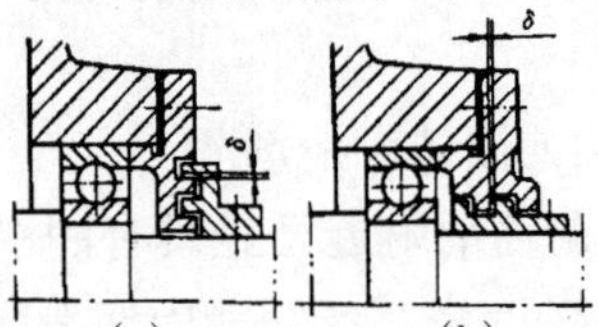 （a）　　　　（b）	将旋转的和固定的密封零件间的间隙制成迷宫（曲路）形式，缝隙间填入润滑脂以加强润滑效果。这种方法对脂润滑和油润滑都很有效，尤其适用于环境较脏的场合。图（a）为径向曲路，径向间隙 δ 不大于 0.1~0.2mm；图（b）为轴向曲路，因考虑到轴受热后会伸长，间隙应取大些，δ=1.5~2mm
组合密封	毛毡加迷宫密封 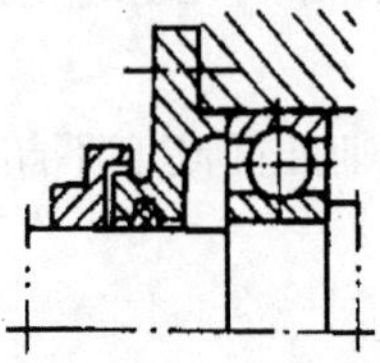 	把毛毡和迷宫组合一起密封，可充分发挥各自优点，提高密封效果，多用于密封要求较高的场合

【知识应用】

请查阅相关资料，分析日常生活或生产中，哪些设备采用了滑动轴承作为支撑，哪些设备采用滚动轴承作为支撑，并对轴承所受载荷情况进行分析。

任务5　轴

【学习目标】

掌握轴的分类；

了解轴的主要材料及处理方法；

了解轴的结构设计。

【学习重点和难点】

轴的分类及应用；

轴的结构设计。

【任务导入】

轴是组成机器的重要零件之一，其主要功能是用来支承回转零件（如齿轮、带轮、电动机转子等），并传递运动和转矩。如图 5-29 所示的汽车传动系统结构图，变速器和驱动桥中采用轴支承齿轮、传动轴传递动力、半轴支承轴承和齿轮。本任务将通过相关内容的学习，使学生学会轴的材料选择、结构和尺寸确定，以保证轴具有良好工艺性、承载能力及装拆性能。

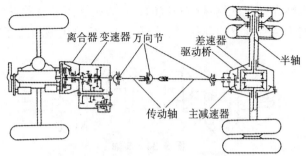

图 5-29 普通汽车的传动系统示意图

【相关知识】

一、轴的认知

(一) 轴的分类

根据承受载荷的不同，轴可分为转轴、传动轴和心轴三种。转轴既承受转矩又承受弯矩，如图 5-30 所示的减速箱转轴。传动轴主要承受转矩，不承受或承受很小的弯矩，如汽车的传动轴（见图 5-31）通过两个万向联轴器与发动机转轴和汽车后桥相连，传递转矩。心轴只承受弯矩而不传递转矩。心轴又可分为固定心轴（例如自行车前轮轴，如图 5-32 所示）和转动心轴（例如火车轮轴，如图 5-33 所示）。

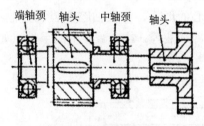

图 5-30 减速箱转轴

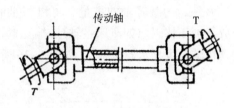

图 5-31 汽车传动轴

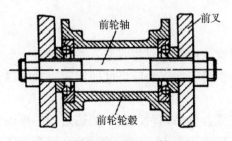

图 5-32 固定心轴

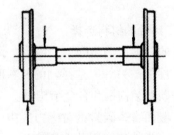

图 5-33 转动心轴

按轴线的形状轴可分为：直轴（见图 5-30 到图 5-33）、曲轴（见图 5-34）和挠性轴（见图 5-35）。直轴又分为光轴和阶梯轴，光轴在农业机械、纺织机械中较为常用；在一般机械中，阶梯轴应用最广；曲轴常用于往复式机械中，如发动机等。挠性钢丝轴通常是由几层紧贴在一起的钢丝层构成的，可以把转矩和运动灵活地传到任何位置。挠性轴常用于小型手持机具（如刮削机、绞孔机）、建筑机械和医疗器械中。

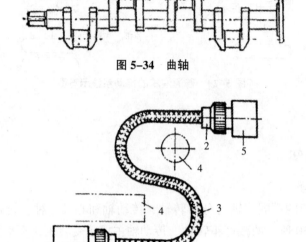

图 5-34　曲轴

1. 动力装置；2. 接头；3. 加有外层保护套的挠性轴；4. 其他设备；5. 被驱动装置

图 5-35　挠性钢丝轴

另外，为减轻轴的重量，可以将轴制成空心的形式，如在轴腔中装设其他零件、安放待加工棒料（如车床主轴）、输送润滑油、冷却液等，或者减轻轴的重量（如航空发动机轴、大型水轮机轴），如图 5-36 所示。

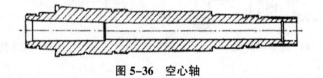

图 5-36　空心轴

（二）轴的材料选择

轴的材料应满足强度、刚度、耐磨性、耐腐蚀性等方面的要求，并且对应力集中的敏感性低。另外，选择轴的材料时还应该考虑易于加工和经济性的因素。轴的材料主要是碳素结构钢和合金结构钢。

一般而言，碳素钢对应力集中的敏感性较低且价格相对低廉，经热处理后可改善其综合力学性能，因此应用广泛。常用的优质碳素钢有 35、40、45 和 50 钢等，尤以 45 钢应用最多。

合金结构钢具有较高的力学性能和良好的热处理性能，但对应力集中比较敏感，价格较贵，因此在承受重载荷或较重载荷时尺寸和重量受到一定的限制，要求提高轴颈耐磨性以及高温、低温条件下工作的轴，宜采用合金钢制造。

表 5-16 列出了轴的常用材料及其主要机械性能，供选用时参考。

表 5-16　轴的常用材料及其主要机械性能

材料及热处理	毛坯直径 (mm)	硬度 (HBS)	抗拉强度 σ_B	屈服点 σ_S	弯曲疲劳强度 σ_{-1}	应用说明
				(MPa)		
Q235			375	235	175	用于不重要或载荷不大的轴
35 正火	≤100	143~187	510	265	210	有好的塑性和适当的强度，可做一般曲轴、转轴等
45 正火	≤100	170~217	588	294	233	用于较重要的轴，应用最广
45 调质	≤200	217~255	637	353	268	
40Cr 调质	25	241~286	980	785	477	用于载荷较大、尺寸较大的重要轴
	≤100		736	539	344	
	>100~300		686	490	317	
40MnB 调质	25	207	785	540	365	用于重要的轴
	≤200	241~286	736	490	331	
35CrMo 调质	≤100	207~269	735	540	343	用于重载的轴或齿轮轴
20Cr 渗碳淬火回火	15	表面 56~62 HRC	835	540	370	用于要求强度、韧性及耐磨性均较高的轴
	≤60		637	392	278	

二、轴的结构设计

（一）轴的结构组成

对于轴的结构，最简单的是光轴，但实际使用中轴上总是需要安装一些零件，所以往往要做成阶梯轴。各阶梯轴的作用和目的如下所示：

（1）轴颈，又称支撑轴颈，是与轴承配合的轴段。支承轴颈的直径应符合轴承的内径系列。

（2）轴头，又称工作轴颈，是支撑传动零件的轴段。工作轴颈的直径必须与相配合零件的轮毂内径一致，并符合轴的标准直径系列。

（3）轴身，连接工作轴颈和支承轴颈的轴段。

（4）轴肩和轴环，阶梯轴上截面变化之处。常作为定位、固定的手段。

图 5-37 所示为一齿轮减速器中的 V 带轮轴（输入轴）。

（二）轴的结构要求

轴的结构设计就是使轴的各部分具有合理的形状和尺寸。其主要要求为：

（1）满足制造要求，应便于加工，尽量减少应力集中；

（2）满足零件定位要求，轴和轴上零件有准确的工作位置，各零件要牢固而可靠地相对固定；

（3）满足安装要求，轴上零件要方便装拆。

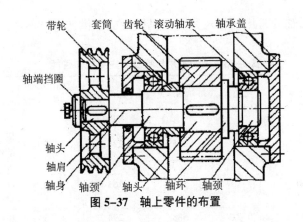

图 5-37　轴上零件的布置

（三）轴上零件的固定

为了保证机器的正常工作，零件在轴上应该是定位准确，固定可靠。定位是针对安装而言，以保证零件确定的安装位置；固定是针对工作而言，使零件在运转过程中保持原来的位置不变。作为结构措施，两者均是既起定位作用，又起固定作用，故在此都作为固定方法来讨论。

1. 轴上零件的轴向固定

零件在轴上的轴向定位和固定，常采用轴肩、轴环、套筒、轴端挡圈、圆螺母、弹性挡圈和紧定螺钉等形式，如表 5-17 所示。

表 5-17　轴上零件的轴向固定和固定方法

定位和固定	简图	特点与应用
轴肩、轴环		简单可靠，承载能力大，是常用的轴向定位方法
套筒		结构简单、可靠，用于两零件间距较小处，既能避免因轴肩使轴颈增大的问题，又能减少应力集中
圆螺母		可承受较大的轴向力，但需在轴上切制螺纹，因而引起应力集中，对轴强度削弱较大

定位和固定	简图	特点与应用
圆锥面		适用于轴端,轴上零件装卸较方便,有较高的定心精度,并能承受冲击振动
轴端挡圈	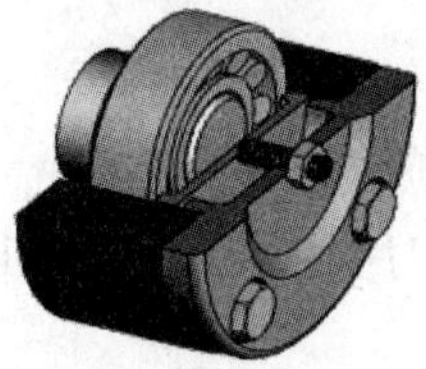	适用于轴端,可承受剧烈的振动和冲击载荷
弹性挡圈		结构简单紧凑,拆装方便,用于轴向力较小而轴上零件间距较大处
紧定螺钉		适用于轴向力很小,转速很低或仅为防止偶然轴向窜动的场合。兼有周向固定作用
圆锥销		承受的轴向力较小,兼有周向固定作用

　　轴肩和轴环固定简单可靠,可承受较大的轴向力,是最常用的轴向定位方法。为保证零件紧靠定位面,轴肩或轴环的圆角半径 r 必须小于相配零件的倒角 C_1 或圆角半径 R,轴肩高度 h 必须大于 C_1 或 R(见图 5-38)。

　　非定位轴肩是为了加工和装配方便而设置的,其高度没有严格规定,一般为 1~2mm。

　　为了保证零件在轴上固定可靠,当采用圆螺母、套筒、轴端挡圈对轴上零件进行固定时,与轴上零件相配轴段的长度应比轮毂长度短 2~3mm。

　　2. 轴上零件的周向固定

　　轴上零件周向固定的目的是防止轴上零件与轴产生相对运动。常用的固定方式有

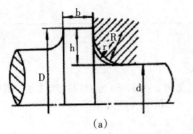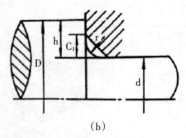

图 5-38　轴肩或轴环及其圆角设计

键连接、花键连接和轴与零件的过盈配合等。减速器中齿轮、带轮等零件与轴配合，常采用普通平键和过盈配合的连接方式作为周向固定，因为这样可以传递更大的转矩。

传递小转矩时，可采用紧定螺钉或销以同时实现周向和轴向固定。

（四）轴的结构工艺性

1. 越程槽

需要磨削的轴段，应留有砂轮越程槽 ［见图 5-39(a)］，以便磨削时砂轮可以磨到轴肩的端部。

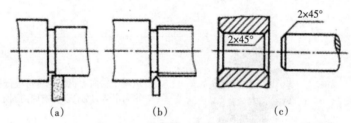

图 5-39　越程槽、退刀槽、倒角

2. 退刀槽

需切削螺纹的轴段，应留有退刀槽，以保证螺纹牙均能达到预期的高度 ［见图 5-39(b)］。为了便于切削加工，一根轴上的退刀槽取相同的宽度。

3. 倒角

为了便于装配，轴端应加工出倒角（一般为 45°），以免装配时把轴上零件的孔壁擦伤 ［见图 5-39(c)］；为了便于切削加工，一根轴上的倒角尺寸应相同。

4. 键槽

一根轴上各键槽应开在轴的同一母线上，若开有键槽的轴段直径相差不大时，尽可能采用相同宽度的键槽（见图 5-40)，以减少换刀的次数。

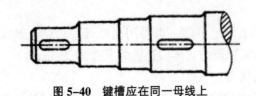

图 5-40　键槽应在同一母线上

5. 提高疲劳强度

改善轴的表面质量可以提高轴的疲劳强度。常用的表面强化处理方法有表面高频淬火，表面渗碳、氮化处理，碾压、喷丸等。

6. 减小应力集中

应力集中现象，会削弱材料的强度，进行结构设计时，应尽量减小应力集中。

在阶梯轴的截面尺寸变化处应采用圆角过渡，且圆角半径不宜过小；设计时尽量不要在轴上开横孔、切口或凹槽，必须开横孔须将边倒圆；在重要的轴的结构中，可采用卸载槽 B［见图 5-41(a)］、过渡肩环［见图 5-41(b)］或凹切圆角［见图 5-41(c)］增大轴肩圆角半径，以减小局部应力。在轮毂上作出卸载槽 B［见图 5-41(d)］，也能减小过盈配合处的局部应力。

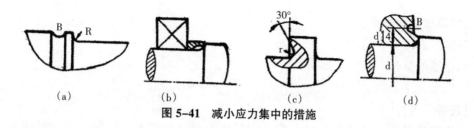

图 5-41　减小应力集中的措施

当轴上零件与轴为过盈配合时，可采用如图 5-42 所示的各种结构，如图 5-42(a) 所示增大配合处轴径、如图 5-42(b) 所示在配合边缘开卸载槽、如图 5-42(c) 所示在轮毂上开卸载槽以减轻轴在零件配合处的应力集中。

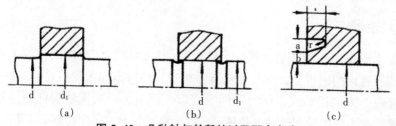

图 5-42　几种轴与轮毂的过盈配合方法

7. 便于拆卸

为了便于拆卸，轴的直径应取圆整值，并且轴径应从中间向两端依次减小。

【知识应用】

通过所学知识，分析自行车前轴、中轴、后轴承受的载荷，并判断各轴分别属于哪种类型。

187

任务6 联轴器、离合器、制动器

【学习目标】

了解联轴器、离合器、制动器的功用；

了解联轴器的类型、结构及应用；

了解离合器的类型、结构及应用；

了解制动器的类型、结构及应用。

【学习重点和难点】

联轴器的类型、结构及应用；

离合器的类型、结构及应用。

【任务导入】

在机械传动中，常需要将机器中不同机构的轴连接起来，以传递运动和动力。这时通常采用联轴器和离合器来实现。当需要降低机械的运转速度或迫使机械停止运转时，常采用制动器来实现。

【相关知识】

一、联轴器

联轴器主要是用在轴与轴之间的连接中，使两轴可以同时转动，以传递运动和转矩。用联轴器连接的两根轴，只有在机器停车后，经过拆卸才能把它们分离。

由于制造、安装误差或工作时零件的变形等原因，一般无法保证被连接的两轴精确同心，通常会出现两轴间的轴向位移 x［见图 5-43(a)］、径向位移 y［见图 5-43(b)］、角位移 α ［见图 5-43(c)］或这些位移组合的综合位移 ［见图 5-43(d)］。如果联轴器不具有补偿这些相对位移的能力，就会产生附加动载荷，甚至引起强烈振动。

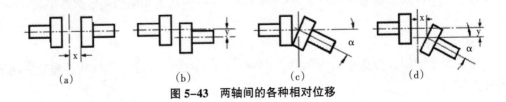

(a)　　　　　(b)　　　　　(c)　　　　　(d)

图 5-43　两轴间的各种相对位移

根据联轴器补偿位移的能力，联轴器可分为刚性和弹性两大类。

（一）刚性联轴器

只有在载荷平稳、转速稳定，能保证被连接两轴轴线相对偏移极小的情况下，才可选用刚性联轴器。

常用的刚性联轴器有凸缘联轴器、套筒联轴器、夹壳联轴器、齿式联轴器、滑块联轴器、万向联轴器等。

1. 凸缘联轴器

凸缘联轴器是把两个带有凸缘的半联轴器用键分别于两轴连接，然后用螺栓把两个半联轴器连成一体，以传递运动和转矩，如图 5-44 所示。这种联轴器有两种主要的结构形式：一种是利用凸肩和凹槽对中的联轴器，它通常是采用普通螺栓把两个半联轴器连成一体 [见图 5-44(a)]；另一种是没有对中结构的联轴器，它是采用铰制孔用螺栓进行连接 [见图 5-44(b)]，后者可传递较大的转矩。

这种联轴器构造简单，成本低，能传递较大的转矩，常用于对中精度较高，载荷平稳的两轴连接。

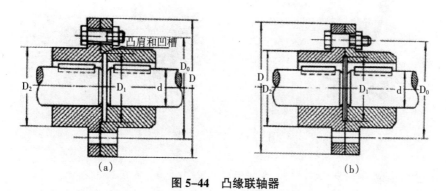

图 5-44 凸缘联轴器

2. 套筒式联轴器

这是一种结构最简单的固定式联轴器（见图 5-45），这种联轴器是一个圆柱形套筒，用两个圆锥销来传递转矩。当然也可以用两个平键代替圆锥销。其优点是径向尺寸小，结构简单。此种联轴器尚无标准，需要自行设计，如机床上就经常采用这种联轴器。

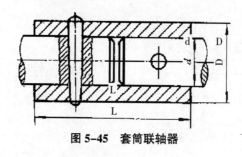

图 5-45 套筒联轴器

安全套筒联轴器如图 5-46 所示。其中 1 为销、2 和 3 为套筒，销有两个面受剪，过载时销会被剪断，因此可起到安全保护作用。

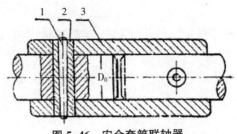

图 5-46　安全套筒联轴器

3. 夹壳联轴器

夹壳联轴器由纵向剖分的两半筒形夹壳和连接它们的螺栓所组成，靠夹壳与轴之间的摩擦力或键来传递转矩（见图 5-47）。在装卸时不用移动轴，所以使用起来很方便。主要用于低速、工作平稳的场合。

（a）　　　　　　　　　　　　　　（b）

图 5-47　夹壳联轴器

4. 齿式联轴器

齿式联轴器是由两个带内齿的外套筒 3 和两个带外齿的套筒 1 组成［见图 5-48（a）］。套筒与轴相连，两个外套筒用螺栓 5 连成一体。工作时靠啮合的轮齿传递扭矩。为了减少轮齿的磨损和相对移动时的摩擦阻力，在壳内储有润滑油，为防止润滑油泄漏，内外套筒之间设有密封圈 6。

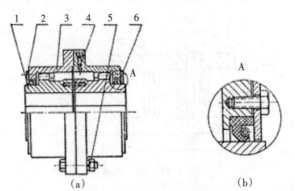

（a）　　　　　　　　　　　　（b）

1. 带外齿的套筒；2. 端盖；3. 带内齿的套筒；4. 油孔；5. 螺栓；6. 密封圈

图 5-48　齿轮联轴器

齿式联轴器的优点是能传递很大的转矩和补偿适量的综合位移，因此常用于重型机械中。

5. 滑块联轴器

滑块联轴器亦称为浮动盘联轴器，如图 5-49 所示。它是由端面开有凹槽的两个套筒 1、3 和两侧各具有凸块（作为滑块）的中间圆盘 2 所组成。中间圆盘两侧的凸块相互垂直，分别嵌装在两个套筒的凹槽中。如果两轴线不同心或偏斜，滑块将在凹槽内滑动。凸槽和滑块的工作面间要加润滑剂。适用于低速，一般不超过 300r/min 的情况下使用。

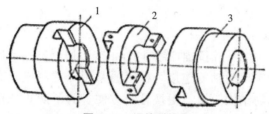

图 5-49　滑块联轴器

6. 万向联轴器

万向联轴器又称十字铰链联轴器。如图 5-50 所示，中间是一个相互垂直的十字头，十字头的四端用铰链分别与两轴上的叉形接头相连。因此，当一轴的位置固定后，另一轴可以在任意方向偏斜，角位移可达 40°~45°。万向联轴器结构紧凑、维护方便，广泛用于汽车、拖拉机和切削机床等机器的传动系统中。

图 5-50　万向联轴器

（二）弹性联轴器

弹性联轴器适用于多变的载荷、频繁启动、经常正反转以及两轴不能严格对中的传动中。

1. 弹性套柱销联轴器

弹性套柱销联轴器结构上和凸缘联轴器很近似，但是两个半联轴器的连接不用螺栓而用带橡胶或皮革套的柱销，如图 5-51 所示。弹性套柱销联轴器在高速轴上应用十分广泛，它的基本参数和主要尺寸请参阅有关设计资料。

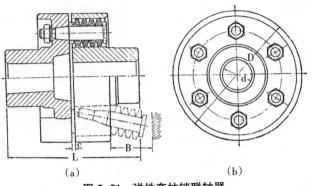

(a)　　　　　　　　　　(b)

图 5-51　弹性套柱销联轴器

2. 弹性柱销联轴器

如图 5-52 所示，弹性柱销联轴器是将若干非金属材料制成的柱销置于两个半联轴器凸缘的孔中，以实现两轴的连接。柱销通常用尼龙制成，而尼龙具有一定的弹性。弹性柱销联轴器的结构简单，更换柱销方便。为了防止柱销脱出，在柱销两端配置挡圈。

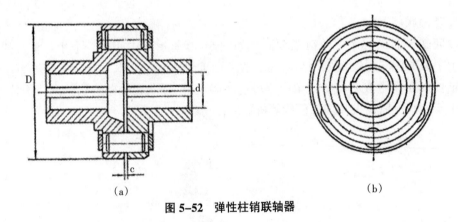

(a)　　　　　　　　　　(b)

图 5-52　弹性柱销联轴器

二、离合器

离合器用来连接两轴，使其一起转动并传递转矩，在机器运转过程中可以随时进行接合或分离。另外，离合器也可用于过载保护等，通常用于机械传动系统的启动、停止、换向及变速等操作。

离合器工作可靠，接合平稳，分离迅速而彻底，动作准确，调节和维修方便，结构简单。

离合器的种类很多，按实现两轴接合和分离的过程可分为操纵离合器、自动离合器；按离合的工作原理可分为牙嵌式离合器、摩擦式离合器等。本任务只介绍几种常见离合器。

（一）牙嵌离合器

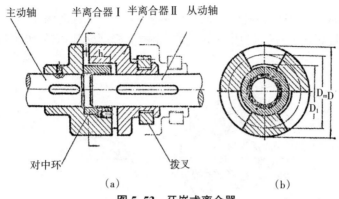

主动轴　半离合器Ⅰ　半离合器Ⅱ　从动轴

对中环　　　　　　拨叉

（a）　　　　　　　　　（b）

图 5-53　牙嵌式离合器

牙嵌离合器是由两个端面带牙的套筒所组成。如图 5-53 所示，半离合器Ⅰ紧配在轴上，半离合器Ⅱ可以沿导向平键在另一根轴上移动。利用操纵杆移动拨叉可使两个半离合器接合或分离。为便于对中，装有对中环。

牙嵌离合器结构简单，外廓尺寸小，连接后两轴不会发生相对滑转，能传递较大的转矩，故应用较多。但牙嵌离合器只宜在两轴不回转或转速差很小时进行接合，否则牙齿可能因受撞击而折断。

（二）摩擦式离合器

摩擦式离合器是利用主、从动半离合器摩擦盘接触面间的摩擦力传递转矩。为提高传递转矩的能力，通常采用多盘摩擦离合器。它能在不停车或两轴有较大转速差时进行平稳接合，且可在过载时因摩擦盘间打滑而起到过载保护作用。

如图 5-54 所示为多盘摩擦式离合器的结构组成。

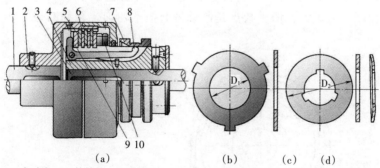

（a）　　　　　　（b）　　　（c）　　（d）

1. 主动盘；2. 外鼓轮；3. 从动轴；4. 套筒；5. 外摩擦盘；6. 内摩擦盘；7. 滑环；
8. 曲臂压杆；9. 压板；10. 调节螺母。

图 5-54　多盘摩擦式离合器

（三）超越离合器

超越离合器有滚柱式、楔块式等多种形式，主要用于速度转换、防止逆转、间歇运动等。本任务只介绍滚柱式超越离合器。

图 5-55 所示为一种滚柱超越离合器，它由外环 1、星形轮 4、滚柱 2 和弹簧 3 所组成。

超越离合器常用于汽车、机床等的传动装置中。这种离合器接合平稳，但传递转矩较小，寿命以接合次数计，可达 5×10^6 次，超越时极限转速可达 1000~3000r/min。

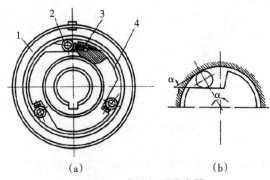

(a)　　　　　　(b)

图 5-55　滚柱超越离合器

三、制动器

制动器是用来减低机械的运转速度或迫使机械停止运转的机械装置。大多数的制动器采用的是摩擦制动方式。它广泛应用在机械设备的减速、停止和位置控制的过程中。以下介绍两种常见的基本结构形式。

（一）带式制动器

带式制动器主要用挠性钢带包围制动轮。如图 5-56 所示，制动带包在制动轮上，当 Q 向下作用时，制动带与制动轮之间产生摩擦力，从而实现合闸制动。制动带是钢带内表面镶嵌一层石棉制品与制动轮接触，以增加摩擦力。带式制动器结构简单，它由于包角大而制动力矩大，但其缺点是制动带磨损不均匀，容易断裂，而且对轴的作用力大。

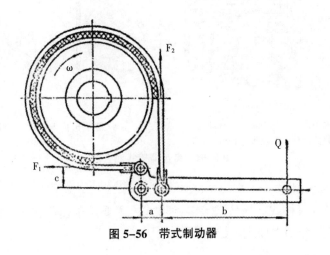

图 5-56　带式制动器

（二）块式制动器

图 5-57 所示为块式制动器，靠瓦块与制动轮间的摩擦力来制动。该制动器为短行程交流电磁铁外块式制动器。弹簧产生的闭锁力通过制动臂作用于制动块上，使制动块压向制动轮达到常闭状态。工作时，由于电磁铁线圈通电，电磁铁产生与闭锁力方向相反的吸力，由电磁线圈的吸力吸住衔铁，再通过一套杠杆使瓦块松开，机器便能自由运转。制动器也可以安排为在通电时起制动作用，但为安全起见，应安排在断电时起制动作用为好。当需要制动时，则切断电流，电磁线圈释放衔铁 13，依靠弹簧力并通过杠杆使瓦块 2 抱紧制动轮 1。

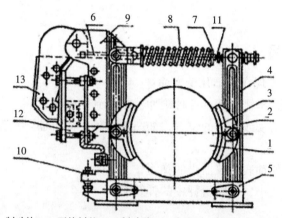

1. 制动轮；2. 制动块；3. 瓦块衬垫；4. 制动臂；5. 底座；6. 推杆；7. 夹板；8. 制动弹簧；9. 松闸器；10，11. 调整螺钉；12. 线圈；13. 衔铁

图 5-57 块式制动器

瓦块的材料可以用铸铁，也可以在铸铁上覆以皮革或石棉带。瓦块制动器已规范化，其型号应根据所需的制动力矩在产品目录中选取。

【知识应用】

普通自行车正蹬时前进，倒蹬时不起作用，请分析这里用的是哪种离合器？带倒蹬闸的自行车用的是哪种离合器？

任务 7 弹簧

【学习目标】

了解弹簧的功用、类型；

了解常用弹簧材料。

【学习重点和难点】

弹簧的功用和类型。

【任务导入】

弹簧是机械设备中广泛应用的一种弹性元件。它是利用材料的弹性和结构特点，通过变形提供弹性力和储存能量来进行工作的。与多数零件不同，对弹簧的主要要求是弹性好，能多次重复地随外载荷的大小做相应的弹性变形，卸载后又能立即恢复原状。

【相关知识】

一、弹簧的功用

弹簧的功用主要表现在以下几个方面：

（1）缓冲吸振，如车辆弹簧、各种缓冲器中用到的弹簧；

（2）控制机构的运动或零件的位置，如凸轮机构、离合器以及各种调速器中用到的弹簧；

（3）储存能量，如钟表、仪器中的弹簧；

（4）测量载荷的大小，如弹簧秤中的弹簧。

二、弹簧的分类

弹簧的种类很多，按形状不同可分为螺旋弹簧、环形弹簧、碟形弹簧、平面涡卷弹簧和板弹簧等。

（一）螺旋弹簧

螺旋弹簧是用金属丝按螺旋线卷绕而成的，其制造简便，应用最广。按照所能承受的载荷不同，分为拉伸弹簧、压缩弹簧、扭转弹簧等，如表 5-18 所示。

表 5-18　螺旋弹簧分类

载荷形式	拉伸	压缩		扭转	弯曲
螺旋弹簧	圆柱螺旋拉伸弹簧 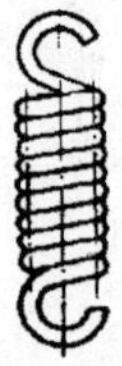	圆柱螺旋压缩弹簧 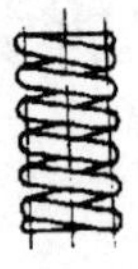	圆锥螺旋压缩弹簧 	圆柱螺旋扭转弹簧 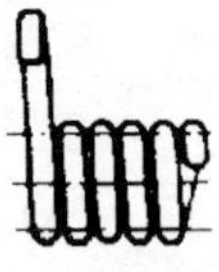	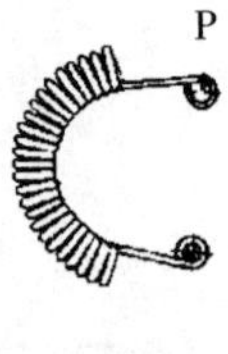 P

（二）环形弹簧和碟形弹簧

环形弹簧［见图 5-58（a）］和碟形弹簧［见图 5-58（b）］均是压缩弹簧。在工作过程中，由于一部分能量消耗在各圈之间的摩擦上，因此具有很高的缓冲吸振能力，多用于重型机械的缓冲装置。

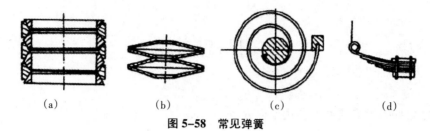

（a）　　　　　　（b）　　　　　　（c）　　　　　　（d）

图 5-58　常见弹簧

（三）平面涡卷弹簧

平面涡卷弹簧又称为盘簧，如图 5-58（c）所示，轴向尺寸小，常用作仪器和钟表的储能装置。

（四）板弹簧

板弹簧由许多长度不同的钢板叠合而成，用于各种车辆的减震装置，如图 5-58（d）所示。

三、弹簧的材料

弹簧在工作中常承受具有冲击性的变载荷，所以弹簧材料应具有高的弹性极限、疲劳极限、一定的冲击韧性、塑性和良好的热处理性能等，常用热处理方式有油淬火、回火等。

常用的弹簧材料有：碳素弹簧钢、合金弹簧钢、不锈钢和铜合金材料以及非金属材料。选用材料时，应根据弹簧的功用、载荷大小、载荷性质及循环特性、工作强度、周围介质以及重要程度来进行选择，弹簧常用材料的性能和许用应力如表 5-19 所示。

表 5-19　弹簧材料和许用应力

单位：MPa

材料		许用应力（MPa）			推荐使用温度（℃）	推荐硬度范围	特性及用途
名称	牌号	I 类弹簧 $[\tau_{\rm I}]$	II 类弹簧 $[\tau_{\rm II}]$	III 类弹簧 $[\tau_{\rm III}]$			
碳素弹簧钢丝 I、II、II$_a$、III	65、70	$0.3\sigma_B$	$0.4\sigma_B$	$0.5\sigma_B$	-40~120		强度高、性能好，但尺寸大了不易淬透，只适于做小弹簧
合金弹簧钢丝	60Si2Mn	480	640	800	-40~200	45~50HRC	弹性和回火稳定性好，易脱碳，用于制造受重载的弹簧
	50CrVA	450	600	750	-40~210	45~50HRC	有高的疲劳极限，弹性、淬透性和回火稳定性好，常用于受变载荷的弹簧
	4Cr13	450	600	750	-40~300	48~53HRC	耐腐蚀，耐高温，适用于做较大的弹簧
青铜丝	QSi3-1	270	360	450	-40~120	90~100HB	耐腐蚀，防磁好
	QSn4-3	270	360	450			

【知识应用】

列举生活中弹簧应用的实例，并分析其属于哪种类型，适合选用哪种材料制作。

复习与思考题

5-1. 常用螺纹有哪些？各用于何处？

5-2. 螺纹的要素包含什么？

5-3. 螺纹连接的常见类型有哪些？试说明各自的适用范围。

5-4. 螺纹连接预紧的目的是什么？

5-5. 螺纹防松方法有哪些？

5-6. 什么是键连接？键连接的用途是什么？

5-7. 滑动轴承按载荷方向不同可分为哪几类？各适用什么场合？

5-8. 滑动轴承的润滑方法有哪些？

5-9. 滚动轴承由哪几部分组成？

5-10. 在机械设备中为何广泛采用滚动轴承？

5-11. 试说明轴承代号 6210 的主要含义。

5-12. 什么是传动轴、心轴、转轴，它们的区别是什么？

5-13. 轴的常用材料有哪些？

5-14. 轴上零件的固定方法有哪些？

5-15. 联轴器和离合器的功用有何相同点和不同点？

5-16. 制动器应满足哪些基本要求？

5-17. 指出图 5-59 中的结构错误，并简单说明错误原因。

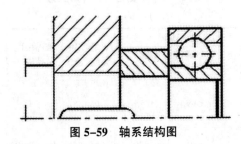

图 5-59 轴系结构图

5-18. 解释下列螺纹代号的含义

M16-7H8G

M10×1LH-5g6g-S

M20×1.5-5g6g

G1/2

Tr40×14（P7）LH-8e

项目六　液压传动

液压传动是一门新的学科，虽然从 17 世纪中叶帕斯卡提出静压传动原理，18 世纪末英国制成世界上第一台水压机算起，液压传动技术已有二三百年的历史。但直到 20 世纪 30 年代它才较普遍地用于起重机、机床及工程机械。在第二次世界大战期间，由于战争需要，出现了由响应迅速、精度高的液压控制机构所装备的各种军事武器。第二次世界大战结束后，液压技术迅速转向民用工业，不断应用于各种自动机及自动生产线。

20 世纪 60 年代以后，随着原子能、空间技术、计算机技术的发展，液压技术也迅速发展。目前，液压技术正向迅速、高压、大功率、高效、低噪声、经久耐用、高度集成化的方向发展。同时，新型液压元件和液压系统的计算机辅助设计（CAD）、计算机辅助测试（CAT）、计算机直接控制（CDC）、机电一体化技术、可靠性技术等方面也是当前液压传动及控制技术发展和研究的方向。

我国的液压技术最初应用于机床和锻压设备上，后来又用于拖拉机和工程机械。目前，我国的液压元件随着从国外引进一些液压元件、生产技术以及进行自行设计，已形成了系列，并在各种机械设备上得到了广泛的应用。

任务 1　液压传动原理

【学习目标】
了解液压传动的基本概念；
熟悉液压传动的组成；
掌握液压传动的工作原理和特点。

【学习重点和难点】
液压传动的组成；
液压传动的工作原理和特点。

【任务导入】
机械传动、电气传动、液压传动是目前运用最为广泛的三大类传动方式。液压传动是以液体为工作介质，利用液体压力来传递动力和进行控制的一种传动方式。液压传动具有许多突出的优点，目前已得到广泛应用。

【相关知识】

一、液压传动原理

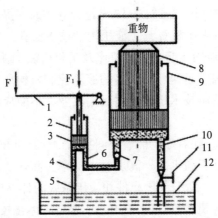

1. 杠杆手柄；2. 小油缸；3. 小活塞；4，7. 单向阀；5. 吸油管；6，10. 管道；
8. 大活塞；9. 大油缸；11. 截止阀；12. 油箱

图 6-1　液压千斤顶工作原理图

液压与气压传动知识广泛应用在我们的日常生活和生产工作中，下面来看看以下实例。

图 6-1 所示为常见的液压千斤顶原理图。大油缸 9 和大活塞 8 组成举升液压缸。杠杆手柄 1、小油缸 2、小活塞 3、单向阀 4 和 7 组成手动液压泵。

如提起手柄使小活塞向上移动，小活塞下端油腔容积增大，形成局部真空，这时单向阀 4 打开，通过吸油管 5 从油箱 12 中吸油。用力压下手柄，小活塞下移，小活塞下腔的压力升高，单向阀 4 关闭，单向阀 7 打开，下腔的油液经管道 6 输入举升油缸 9 的下腔，迫使大活塞 8 向上移动，顶起重物。反复提、压杠杆手柄，就可以使重物不断上升，达到起重的目的。

如果打开截止阀 11，举升缸下腔的油液通过管道 10、截止阀 11 流回油箱，重物就向下移动。

通过对上面液压千斤顶工作过程的分析，可以看到，液压传动的工作原理是以油液为工作介质，依靠密封容积的变化来传递运动，依靠油液内部的压力来传递动力。液压传动实质上是一种能量转换装置。

二、液压传动系统的构成

从分析上述系统可以看出，一个完整的、能够正常工作的液压系统，应该由以下五个部分组成：

（1）动力元件——泵，它是供给液压系统压力油，把机械能转换成液压能的装置。它是液压系统的动力源。

（2）执行元件——缸、马达，是把液压能转换成机械能的能量转换元件。其作用是在压力油的推动下输出力和速度（或转矩和转速），以驱动工作部件。

（3）控制元件——阀，是对系统中的压力、流量或流动方向进行控制或调节的装置。如溢流阀、节流阀、换向阀、开停阀等。

（4）辅助元件——油箱、管接头、滤油器、蓄能器、压力表等，上述三部分之外的其他装置。是液压系统中不可缺少的重要组成部分。

（5）传动介质——液压油，是传递能量的流体。

三、液压与气压传动的优缺点

与机械和电力传动系统相比，液压和气压传动具有以下优点：

（1）由于液压传动是油管连接，所以借助油管的连接可以方便灵活地布置传动机构，这是比机械传动优越的地方。

（2）液压传动装置的重量轻、结构紧凑、惯性小。

（3）可在大范围内实现无级调速。借助阀或变量泵、变量马达，可以实现无级调速，调速范围可达1∶2000，并可在液压装置运行的过程中进行调速。

（4）传递运动均匀平稳，负载变化时速度较稳定。

（5）液压装置易于实现过载保护——借助于设置溢流阀等，同时液压件能自行润滑，因此使用寿命长。

（6）液压传动容易实现自动化——借助于各种控制阀，特别是采用液压控制和电气控制结合使用时，能很容易地实现复杂的自动工作循环，而且可以实现遥控。

（7）液压元件已实现了标准化、系列化和通用化，便于设计、制造和推广使用。

液压与气压传动同时也存在以下缺点：

（1）液压系统中的漏油等因素，影响运动的平稳性和正确性，使得液压传动不能保证严格的传动比。

（2）液压传动对油温的变化比较敏感，温度变化时，液体黏性变化，引起运动特性的变化，使得工作的稳定性受到影响，所以它不宜在温度变化很大的环境条件下工作。

（3）为了减少泄漏，以及为了满足某些性能上的要求，液压元件的配合件制造精度要求较高，加工工艺较复杂。

（4）液压传动要求有单独的能源，不像电源那样使用方便。

（5）液压系统发生故障不易检查和排除。

四、图形符号

图6-2（a）所示的液压系统是一种结构式的工作原理图，它具有直观性强、容易理解的优点，当液压系统发生故障时，根据原理图检查十分方便，但图形比较复杂，绘

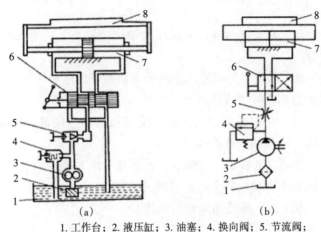

1. 工作台；2. 液压缸；3. 油塞；4. 换向阀；5. 节流阀；
6. 开停阀；7. 溢流阀；8. 液压泵；9. 滤油器；10. 油箱

图 6-2 机床工作台液压系统的图形符号图

制比较麻烦。图 6-2(b) 所示是系统的工作原理图，使用这些图形符号可使液压系统图简单明了，且便于绘制。

【知识应用】

液压传动与机械传动（以齿轮传动为例）相比有哪些优点？为什么有这些优点？

任务 2　液压元件

【学习目标】

了解液压泵、液压缸及控制阀的分类；

掌握液压泵、液压缸的工作原理，以及液压泵工作的必备条件；

掌握液压控制阀的种类、作用和工作原理；

了解液压系统的一些辅助原件。

【学习重点和难点】

液压泵、液压缸和控制阀的分类；

液压泵、液压缸和控制阀的工作原理。

【任务导入】

通过上一节的学习，我们知道液压与气压传动系统是由液压泵、液压缸、液压控制阀和液压辅件等液压元件组成的，本任务我们主要介绍各组成元件的作用、符号和工作原理。

【相关知识】

一、液压泵

（一）液压泵的工作原理

尽管液压系统中采用的液压泵类型很多，但是都属于容积式液压泵，它的工作原理以如图6-3所示的简单柱塞式液压泵为例来说明。

图6-3中柱塞2装在缸体3中形成一个密封容积a，柱塞在弹簧4的作用下始终压紧在偏心轮1上。原动机驱动偏心轮1旋转使柱塞2做往复运动，使密封容积a的大小发生周期性的交替变化。当a由小变大时就形成部分真空，油液顶开单向阀6进入油箱a而实现吸油；反之，油液将顶开单向阀5流入系统而实现压油。这样液压泵就将原动机输入的机械能转换成液体的压力能，原动机驱动偏心轮不断旋转，液压泵就不断地吸油和压油。

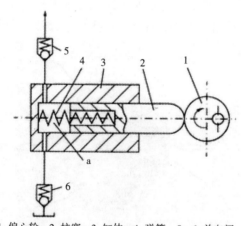

1. 偏心轮；2. 柱塞；3. 缸体；4. 弹簧；5，6. 单向阀

图6-3　单柱塞液压泵的工作原理图

由单柱塞液压泵的工作原理图可知，泵的吸、压油是依靠密封容积变化来完成的，所以这种泵称为容积泵。

容积泵必须具备以下几个特征：

（1）具有若干个密封容积；

（2）密封容积能交替变化；

（3）具有相应的配流装置；

（4）吸油过程中的油箱必须与大气相通。

（二）液压泵的分类

按结构形式分，常见的液压泵有齿轮泵、叶片泵和柱塞泵。液压泵的图形符号如表6-1所示。

表 6-1　液压泵的图形符号

单向定量	双向定量	单项变量	双向变量	并联单向定量

1. 齿轮泵

图 6-4 所示为外啮合齿轮泵的工作原理图。它是由装在壳体内的一对齿轮所组成，齿轮两端面靠端盖密封。当电动机带动主动齿轮 2 按图示方向旋转时，从动齿轮 4 也一起旋转。右侧为进油腔，因为相互啮合的齿轮从啮合到脱下，工作空间的容积增大，形成局部真空，油箱中的油液在大气压力的作用下进入进油腔，并填满齿槽而被带到左侧压油腔（出油腔），又因在左侧的压油腔齿轮逐渐进入啮合，工作空间的容积逐渐变小，所以齿间的油液被挤压出去，如此连续不断地循环，即形成吸油和压油。

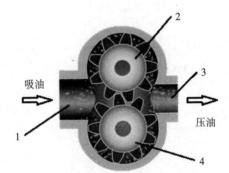

1. 进油腔；2. 主动齿轮；3. 压油腔；4. 从动齿轮
图 6-4　外啮合齿轮泵示意图

齿轮泵是液压泵中结构最简单的一种，它的自吸能力好，对油液的污染不敏感，工作可靠，制造容易，体积小，价格便宜，故得到广泛应用。齿轮泵由于存在径向力不平稳现象，故应用于低压场合，是一种定量泵。

2. 叶片泵

叶片泵按结构分为两类，即单作用叶片泵和双作用叶片泵。单作用叶片泵的主轴转动一周时，各密封容积吸排油液一次，双作用叶片泵则吸排油液各两次。单作用叶片泵多为变量泵，双作用叶片泵是定量泵。

图 6-5 为单作用叶片泵工作原理图。其结构由转子 1、定子 2、叶片 3 和端盖等零件组成。

当转子回转时，在定子、转子、叶片和端盖间形成若干个密封的工作空间。当转子逆时针方向回转时，叶片间的工作空间逐渐增大，产生局部真空。油液从进油口进油，完成吸油功能。在图的左部，叶片被定子内表面逐渐推入转子的槽内，工作空间

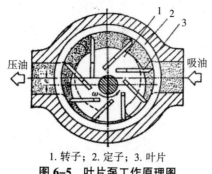

1. 转子；2. 定子；3. 叶片
图6-5　叶片泵工作原理图

逐渐缩小，油液从压油口压出，即把压力油输送出去。

　　和齿轮泵相比较，叶片泵的流量较均匀、运转平稳、噪声小。但对油液的污染比较敏感，不清洁的油液会影响叶片在槽内自由滑动，甚至破坏泵的工作。

　　3. 柱塞泵

　　柱塞泵是利用柱塞的往复运动，改变柱塞缸内的容积而实现吸、排油液的。根据柱塞数的多少和柱塞的排列形式不同，有单柱塞泵、三柱塞泵、轴向柱塞泵和径向柱塞泵等类型，后两类属多柱塞泵。由于柱塞和缸孔都是圆柱面，加工比较方便，精度容易保证，可以获得很小的滑动配合间隙。因此，和其他类型泵相比，柱塞泵能达到较高的工作压力和容积效率。在采掘机械中，尤其是综采机械设备中，柱塞泵得到广泛的应用。

　　（1）单柱塞泵。图6-6为单柱塞泵工作原理图。柱塞泵是由曲轴1通过连杆2带动柱塞3做往复运动进行吸油排油。当柱塞向右运动时，柱塞腔的容积由小变大，产生真空，进行吸油；当柱塞向左运动时，柱塞腔的容积由大变小，把吸进的油液排出去。为了保证油液的流向，在柱塞腔装有两个方向相反的单向阀，一个为吸油阀4，一个为排油阀5。

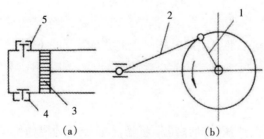

(a)　　　　　　　　　(b)
1. 曲轴；2. 连杆；3. 柱塞；4. 吸油阀；5. 排油阀
图6-6　单柱塞泵工作原理图

　　（2）轴向柱塞泵。轴向柱塞泵是柱塞平行于缸体轴线的多柱塞泵。这种泵工作压力高，径向尺寸小，而且容易实现变量，所以得到广泛应用。轴向柱塞泵根据传动轴与缸体的位置关系有直轴式（即斜盘式）和斜轴式两种基本形式。

　　图6-7所示为斜盘式轴向柱塞泵的结构和原理图。主要由主轴1、柱塞泵体2、固

定不动的配流盘 3、柱塞 4、滑履 5、斜盘 6 和弹簧 7 等零件组成。

缸体上沿圆周均匀分布有平行于其轴线的若干个柱塞孔，柱塞装入其中而形成密封空间，斜盘的倾斜角是可以调节的，柱塞在弹簧的作用下通过其头部的滑履压向斜盘。

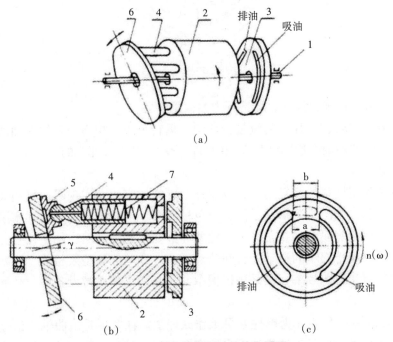

（a）

（b）　　　　　　　　　（c）

图 6-7　轴向柱塞泵的结构和原理

主轴带动缸体按图示方向旋转时，处在最下位置的柱塞将随着缸体旋转的同时向外伸出，使柱塞底腔的密封容积增大，从而经底部窗口和配流盘腰形吸油槽吸入油液，直至柱塞转到最高位置；当柱塞随缸体继续从最高位置转到最低位置时，斜盘就迫使柱塞向缸孔回缩，使密封容积减小，油液压力升高，经配流盘另一腰形排油槽挤出。缸体旋转一周，每一柱塞都经历此过程。因此泵输出的流量便趋向均匀。

斜盘式轴向柱塞泵可以通过调节斜盘倾角的大小和方向，来改变泵的流量和流向。

二、液压缸

液压缸的功用是在液压传动系统中将液压能转变为机械能的装置，输出直线往复运动或摆动。

液压缸的种类很多，常用的液压缸类型如表 6-2 所示。

（一）双出杆双作用活塞式液压缸

其活塞两端都有一根直径相等的活塞杆伸出。

如图 6-8 所示，缸体与工作台相连，活塞杆通过支架固定在机床上，动力由缸体传出。这种安装形式中，工作台的移动范围只等于液压缸有效行程 L 的两倍（2L），因

表 6-2　常见液压缸的种类及特点

分类	名称	符号	说明
单作用液压缸	柱塞式液压缸	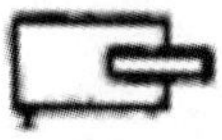	柱塞仅单向运动，返回行程是利用自重或载荷将柱塞推回
	单活塞杆液压缸	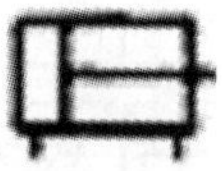	活塞仅单向运动，返回行程是利用自重或载荷将活塞推回
	双活塞杆液压缸	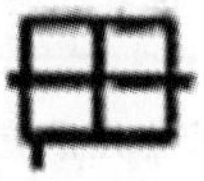	活塞的两侧都装有活塞杆，只能向活塞一侧供给压力油，返回行程通常利用弹簧力、重力或外力
	伸缩液压缸		它以短缸获得长行程。用液压油由大到小逐节推出，靠外力由小到大逐节缩回
双作用液压缸	单活塞杆液压缸	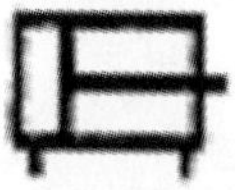	单边有杆，两向液压驱动，两向推力和速度不等
	双活塞杆液压缸		双向有杆，双向液压驱动，可实现等速往复运动
	伸缩液压缸		双向液压驱动，由大到小逐节推出，由小到大逐节缩回
组合液压缸	弹簧复位液压缸	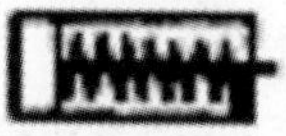	单向液压驱动，由弹簧力复位
	串联液压缸		用于缸的直径受限制，而长度不受限制处，获得大的推力
	增压缸（增压器）	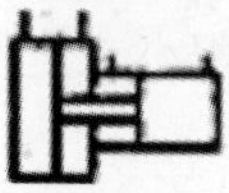	由低压力室 A 缸驱动，使 B 室获得高压油源
	齿条传动液压缸		活塞往复运动经装在一起的齿条驱动齿轮获得往复回转运动
摆动液压缸		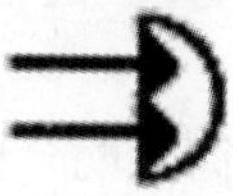	输出轴直接输出扭矩，其往复回转的角度小于 360°，也称摆动马达

此占地面积小。进出油口可以设置在固定不动的空心活塞杆的两端，使油液从活塞杆中进出，也可设置在缸体的两端，但必须使用软管连接。

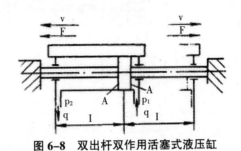

图 6-8　双出杆双作用活塞式液压缸

（二）单出杆双作用活塞式液压缸

如图 6-9 所示，活塞只有一端带活塞杆，但它们的工作台移动范围都是活塞有效行程的两倍。

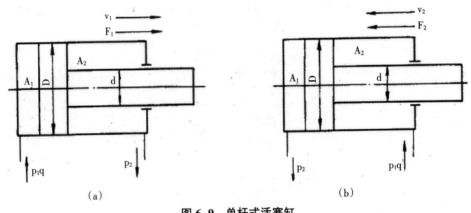

（a）　　　　　　　　　　　　　（b）

图 6-9　单杆式活塞缸

单杆活塞缸由于活塞两端有效面积不等。如果以相同流量的压力油分别进入液压缸的左、右腔，活塞移动的速度与进油腔的有效面积成反比，即油液进入无杆腔时有效面积大，速度慢，进入有杆腔时有效面积小，速度快；而活塞上产生的推力则与进油腔的有效面积成正比。

（三）柱塞缸

柱塞缸是一种单作用液压缸，其工作原理如图 6-10（a）所示，柱塞与工作部件连接，缸筒固定在机体上。当压力油进入缸筒时，推动柱塞带动运动部件向右运动，但反向退回时必须靠其他外力或自重驱动。柱塞缸通常成对反向布置使用，如图 6-10（b）所示。

柱塞式液压缸的主要特点是柱塞与缸筒无配合要求，缸筒内孔不需精加工，甚至可以不加工。运动时由缸盖上的导向套来导向，所以它特别适用在行程较长的场合。

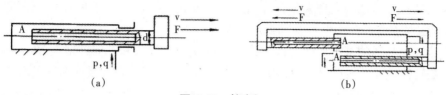

图 6-10 柱塞缸

（四）摆动缸

摆动式液压缸也称摆动液压马达。当它通入压力油时，主轴能输出小于 360°的摆动运动，常用于工夹具夹紧装置、送料装置、转位装置以及需要周期性进给的系统中。图 6-11（a）所示为单叶片式摆动缸，它的摆动角度较大，可达 280°。图 6-11（b）所示为双叶片式摆动缸，它的摆动角度较小，可达 150°，它的输出转矩是单叶片式的两倍，而角速度则是单叶片式的一半。

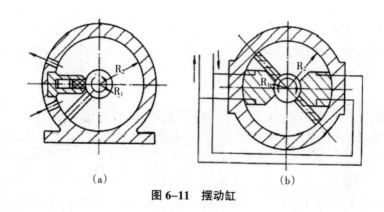

图 6-11 摆动缸

三、液压马达

液压马达是将系统液压能转变为机械能的能量转换装置。它与液压缸的不同在于液压马达输出的是旋转运动，而液压缸输出的是直线移动或摆动。如图 6-12 所示为叶片式液压马达。

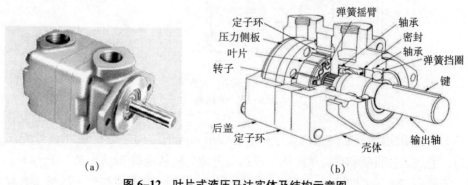

图 6-12 叶片式液压马达实体及结构示意图

液压马达按其结构类型来分，可以分为齿轮式、叶片式、柱塞式等；按液压马达的额定转速来分，可以分为高速和低速两大类。

高速液压马达的基本形式有齿轮式、螺杆式、叶片式和轴向柱塞式等。它们的主要特点是转速较高、转动惯量小，便于启动和制动，调节（调速及换向）灵敏度高。

低速液压马达的基本形式是径向柱塞式，此外，在轴向柱塞式、叶片式和齿轮式中也有低速的结构形式，低速液压马达的主要特点是排量大、体积大、转速低，因此可直接与工作机构连接，不需要减速装置，使传动机构大为简化。

四、液压控制阀

液压控制阀是液压系统中的控制元件，用于控制系统中的油液的压力、流量和流动方向。一个液压系统中使用的液压控制阀很多，它们的具体作用和名称可能各不相同，但按照它们在系统中所起的作用可分为三类：方向控制阀、压力控制阀和流量控制阀。

（一）方向控制阀

在液压系统中，用于控制液压系统中油液流动方向的阀称为方向控制阀，简称为方向阀。它分为单向阀和换向阀两大类。

1. 单向阀

液压系统中常见的单向阀有普通单向阀和液控单向阀两种。

（1）普通单向阀，其作用是使油液只能沿一个方向流动，不许它反向倒流。图 6-13（a）所示是一种管式普通单向阀的结构。压力油从阀体左端的通口 P_1 流入时，克服弹簧 3 作用在阀芯 2 上的力，使阀芯向右移动，打开阀口，并通过阀芯 2 上的径向孔 a、轴向孔 b 从阀体右端的通口流出。但是压力油从阀体右端的通口 P_2 流入时，它和弹簧力一起使阀芯锥面压紧在阀座上，使阀口关闭，油液无法通过。图 6-13（b）所示是单向阀的职能符号。

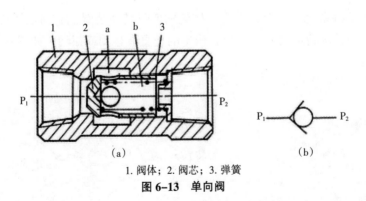

1. 阀体；2. 阀芯；3. 弹簧

图 6-13 单向阀

（2）液控单向阀，图 6-14（a）所示是液控单向阀的结构。当控制口 K 处无压力油通入时，它的工作机制和普通单向阀一样；压力油只能从通口 P_1 流向通口 P_2，不能反向倒流。当控制口 K 有控制压力油时，因控制活塞 1 右侧 a 腔通泄油口，活塞 1 右移，推动顶杆 2 顶开阀芯 3，使通口 P_1 和 P_2 接通，油液就可在两个方向自由通流。图 6-14(b) 所示是液控单向阀的职能符号。

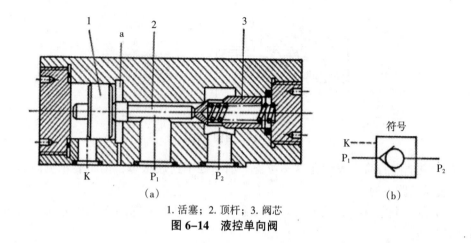

1. 活塞；2. 顶杆；3. 阀芯
图 6-14　液控单向阀

2. 换向阀

换向阀是利用阀芯对阀体的相对运动，使油路接通、关断或变换油流的方向，从而实现液压执行元件及其驱动机构的启动、停止或变换运动方向。对换向阀的基本要求是：油液流经换向阀时的压力损失要小，互不相通的油口间的泄漏要小，换向要平稳、迅速且可靠。

换向阀的应用很广，种类也很多，具体分类如表 6-3 所示。

表 6-3　换向阀分类

分类方式	类型
阀芯运动形式	滑阀、转阀、锥阀
阀的工作位置数	二位、三位、多位
阀的通路数	二通、三通、四通、五通、多通
阀的操作方式	手动、机动、电动、液动、电液动
阀的安装方式	管式、板式、法兰式

滑阀式换向阀是目前应用最普遍的一种换向阀（又称滑阀）。它是靠直线移动阀芯，改变阀芯在阀体内的相对位置来改变油流方向的。如图 6-15 所示为滑阀式换向阀的工作原理图，当阀芯处于图示位置时，油口 P、A、B、T_1、T_2 互不相通，液压缸的活塞处于停止状态；当阀芯向右移动一定的距离时，由液压泵输出的压力油从阀的 P 口经 A 口输向液压缸左腔，液压缸右腔的油经 B 口、T_2 口流回油箱，液压缸向右移动；反之，阀芯向左移动一定的距离时，液压缸向左移动。

图 6-15(a) 中的换向阀可绘制成如图 6-15(b) 所示的职能符号图。换向阀职能符号的含义如下：

（1）方框表示阀的工作位置，有几个方框，表示就有几"位"。

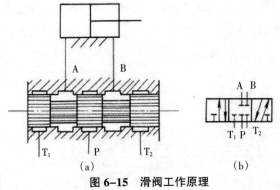

图 6-15　滑阀工作原理

（2）方框内的箭头表示在这一位置上油路处于连通状态，但不表示流向。"⊥"或"⊤"表示油路不通。

（3）在一个方框内，箭头、"⊥"或"⊤"符号与方框的交点数为油路的通路数，即"通"数。

（4）P 表示压力油的进口；T 表示与油箱连通的回油口；A、B 表示连接阀与执行元件的工作油口。

（5）方框的两端是控制方式和复位弹簧的符号。

常用换向阀的位和通路的符号图如图 6-16 所示，常用换向阀操纵方式符号如图 6-17 所示，两者符号组合就可以得到不同的换向阀，如三位四通电磁换向阀、二位二通机动换向阀等。

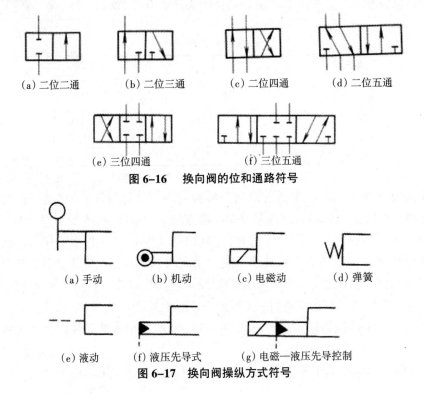

（a）二位二通　　（b）二位三通　　（c）二位四通　　（d）二位五通

（e）三位四通　　　　　（f）三位五通

图 6-16　换向阀的位和通路符号

（a）手动　　（b）机动　　（c）电磁动　　（d）弹簧

（e）液动　　（f）液压先导式　　（g）电磁—液压先导控制

图 6-17　换向阀操纵方式符号

（二）压力控制阀

在液压系统中，压力控制阀用于控制油液压力，以满足执行机构的力或力矩的需要。常用的压力阀有溢流阀、减压阀、顺序阀等。

1. 溢流阀

溢流阀应用很广，它的主要作用有两个：一是在定量泵节流调节系统中，用来保持液压泵出口压力恒定，并将液压泵多余的油液溢流回油箱，这时溢流阀起定压溢流作用；二是在容积调速系统中，用来限制系统的最高工作压力，在正常工作压力下，溢流阀关闭，当系统压力超过溢流阀的调定压力时，溢流阀开启，以保护系统的安全。

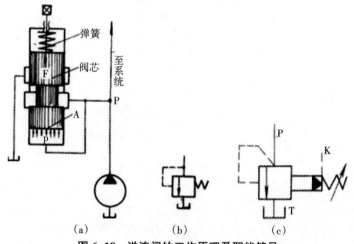

图 6-18　溢流阀的工作原理及职能符号

溢流阀的工作原理如图 6-18(a) 所示，溢流阀在系统正常工作时，阀芯在上端弹簧力作用下下移，使阀口关闭，此时泵所输出的油液不能通过溢流阀流回油箱，而是全部进入系统（图中箭头方向）。当泵的工作压力随负载的增加而使系统的压力 p 增加时，阀芯下端的液压推力 $F_p = pA$（A 为阀芯下端的有效面积）增加，则克服上端的弹簧压力使阀芯向上移动，在系统压力达到溢流阀调定压力时，阀口被打开，油液经溢流阀直接排回油箱，使泵的工作压力不超过溢流阀的调定压力，从而防止系统的过载，保护泵和整个系统的安全。故又称溢流阀为安全阀。图 6-18(b) 为直动式溢流阀的职能符号，图 6-18(c) 为先导式溢流阀的职能符号。

2. 减压阀

减压阀是使出口压力低于进口压力的一种压力控制阀，其作用是使用一个油源能同时提供两个或几个不同压力的输出。

减压阀也有直动式和先导式两种。

如图 6-19 所示为先导式减压阀。它由主阀和先导阀组成。P_1 口是进油口，P_2 口是出油口。通过调节手轮设定压力值，当出口压力低于先导阀弹簧的调定压力时，先导阀呈关闭状态，先导阀芯不动，阀的进、出油口是相通的，亦即阀是常开的，此时减压口 f 开度最大，不起减压作用。若出口压力增大到先导阀调定压力时，先导阀芯移动，阀口打开，主阀弹簧腔的液压油经过油道，然后经泄油口 L 流回油箱，同时出油口 P_2 处的液压油流过油道、阻尼孔 e，使主阀芯两端产生压力降，主阀芯在压差的作用下，克服主阀芯弹簧的弹簧力而抬起，减压口 f 减小，压降增大，使出口压力下降到调定值。同理，出口压力减小，阀芯就下移，开大阀口，阀口处阻力减小，压降减小，使出口压力回升到调定值。

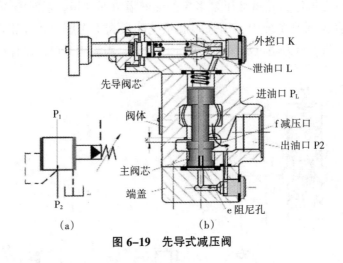

图 6-19　先导式减压阀

3. 顺序阀

顺序阀的作用是使两个以上执行元件按压力高低实现顺序动作。

顺序阀按结构的不同可分为直动式（见图 6-20）和先导式（见图 6-21）。

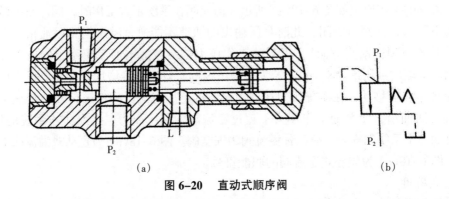

图 6-20　直动式顺序阀

如图 6-20(a) 和图 6-21(a) 所示，分别为直动式和先导式顺序阀的结构示意图，其工作原理与直动式和先导式溢流阀相似，通过进油口液压油的压力和调节弹簧的作用力相平衡，来控制顺序阀进、出油口的通断。当顺序阀进油口压力低于调节弹簧的预调压力时，阀口关闭；当顺序阀进油口压力高于调节弹簧的预调压力时，进、出油口接通，出油口压力油使下游的执行元件动作。顺序阀与溢流阀的主要区别在于：顺序阀的输出油液不接回油箱，所以弹簧侧的泄油口必须单独接回油箱。

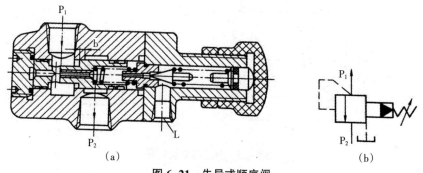

图 6-21　先导式顺序阀

（三）流量控制阀

流量控制阀是靠改变工作开口（节流口）的大小来调节通过阀口的油液流量，以改变执行机构（如液压缸）运动速度的液压元件，简称为流量阀。常用的流量控制阀有节流阀、调速阀和分流阀等。

1. 节流阀

节流阀的结构如图 6-22（a）所示。压力油从进油口 P_1 流入，经节流口 P_2 流出。节流口所在的阀芯锥部开有两个或四个三角槽（节流口还有其他若干的结构形式）。转动手柄，当节流阀开口调大时，则流量大，执行元件运动速度快；反之，当开口调小时，流量小，执行元件运动速度慢。图 6-22（b）为节流阀的职能符号。

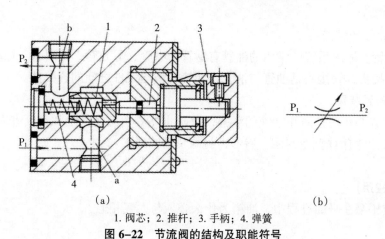

（a）　　　　　　　　　　　　　　　　（b）

1. 阀芯；2. 推杆；3. 手柄；4. 弹簧

图 6-22　节流阀的结构及职能符号

使用节流阀对执行元件调速有一个主要缺点，即执行元件的工作速度将随着外载荷的变化而变化。因此节流阀调速只限用于外载荷变化不大或者速度稳定性要求不高的场合。当负载变化较大，速度稳定性要求较高时，应采用调速阀调速。

2. 调速阀

调速阀由定差减压阀与节流阀串联而成，如图 6-23（a）所示。定差减压阀能自动保持节流阀两端压差不变，从而使通过节流阀的流量不受负载变化的影响；执行元件的运动速度则由节流阀开口大小来调定。图 6-23（b）为调速阀的简化符号。

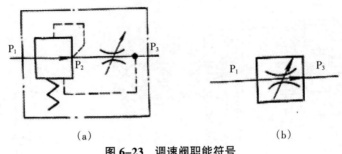

图 6-23　调速阀职能符号

五、液压辅助元件

液压辅助元件主要有蓄能器、过滤器、油箱、热交换器及管件等。

（一）蓄能器

蓄能器的功用主要用来储存和释放油液的压力能，保持系统压力恒定，减小系统压力的脉动冲击。

（二）过滤器

过滤器的功用是滤清油液中的杂质，保证系统管路畅通，使系统正常工作。

（三）油箱

油箱的功用主要是：储油，散发油液中的热量，释放混在油液中的气体，沉淀油液中的杂质等。

（四）油管和管接头

（1）油管，液压系统中常用的油管有钢管、铜管、尼龙管、塑料管、橡胶软管等。

（2）管接头，管接头是油管与油管、油管与液压元件之间的连接件。

（五）密封装置

密封装置的作用是防止油液的泄漏以及防止外界的脏物灰尘和空气进入液压系统。常用的密封元件有 O 型密封圈、唇形密封圈及活塞环等。

【知识应用】

思考液压泵在吸油过程中，油箱为什么必须与大气相通？

任务 3　液压基本回路

【学习目标】

熟悉液压基本回路的概念及类型；

掌握简单液压基本回路的工作原理及作用。

【学习重点和难点】

液压基本回路的工作原理及作用。

【任务导入】

随着工业现代化技术的发展，机械设备的液压传动系统为完成各种不同的控制功能有不同的组成形式，有些液压传动系统甚至很复杂。但无论何种机械设备的液压传动系统，都是由一些液压基本回路组成的。所谓基本回路，就是能够完成某种特定控制功能的液压元件和管道的组合。例如用来调节液压泵供油压力的调压回路，改变执行元件工作速度的调速回路等都是常见的液压基本回路。熟悉和掌握液压基本回路的功能，有助于更好地分析、使用和设计各种液压传动系统。

【相关知识】

液压基本回路按功能的不同可分为方向控制回路、压力控制回路、速度控制回路、顺序动作回路四大类。熟悉这些回路，对分析整个液压系统，维护、修理及设计新的液压系统非常重要。

一、方向控制液压回路

在液压系统中，起控制执行元件的启动、停止及换向作用的回路，称方向控制回路。方向控制回路分为换向回路和锁紧回路。

（一）换向回路

换向回路用于控制执行元件的运动方向。

执行部件的换向，一般可采用各种换向阀来实现。在容积调速的闭式回路中，也可以利用双向变量泵控制油流的方向来实现液压缸（或液压马达）的换向。

电磁换向阀的换向回路应用最为广泛，尤其在自动化程度要求较高的组合机床液压系统中被普遍采用。在机床夹具、油压机和起重机等不需要自动换向的场合，常常采用手动换向阀来进行换向。

图 6-24 所示为手动转阀（先导阀）控制液动换向阀的换向回路。回路中用辅助泵 2 提供低压控制油，通过手动先导阀 3（三位四通转阀）来控制液动换向阀 4 的阀芯移动，实现主油路的换向，当转阀 3 在右位时，控制油进入液动阀 4 的左端，右端的油液经转阀回油箱，使液动换向阀 4 左位接入工件，活塞下移。当转阀 3 切换至左位时，即控制油使液动换向阀 4 换向，活塞向上退回。当转阀 3 中位时，液动换向阀 4 两端的控制油通油箱，在弹簧力的作用下，其阀芯回复到中位、主泵 1 卸荷。这种换向回路，常用于大型压机上。

（二）锁紧回路

锁紧回路指使工作部件能在任意位置上停留，以及在停止工作时，防止在受力的情况下发生移动。

图 6-25 是采用液控单向阀的锁紧回路。在液压缸的进、回油路中都串接液控单向

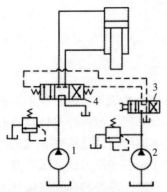

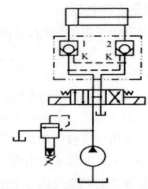

图 6-24　先导阀控制液动换向阀的换向回路　　　图 6-25　采用液控单向阀的锁紧回路

阀（又称液压锁），活塞可以在行程的任何位置锁紧。其锁紧精度只受液压缸内少量的内泄漏影响，因此，锁紧精度较高。

二、压力控制液压回路

压力控制回路是用压力阀来控制和调节液压系统主油路或某一支路的压力，以满足执行元件对力或力矩提出的要求。利用压力控制回路可实现对系统进行调压（稳压）、减压、增压、卸荷、保压与平衡等各种控制。这里只介绍常见的几种压力控制回路。

（一）调压回路

调压回路指使液压系统的压力保持恒定或不超过某一数值。

主要通过溢流阀调节并稳定液压泵的工作压力。在变量泵系统中或旁路节流调速系统中用溢流阀（当安全阀用）限制系统的最高安全压力。当系统在不同的工作时间内需要有不同的工作压力，可采用二级或多级调压回路。

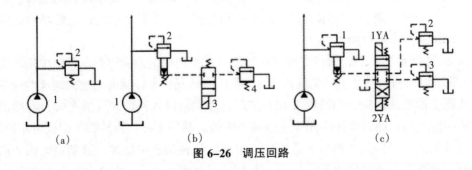

(a)　　　　　　　　　(b)　　　　　　　　　(c)

图 6-26　调压回路

如图 6-26(a) 所示，通过液压泵 1 和溢流阀 2 的并联连接，即可组成单级调压回路。通过调节溢流阀的压力，可以改变泵的输出压力。当溢流阀的调定压力确定后，液压泵就在溢流阀的调定压力下工作。

图 6-26(b) 所示为二级调压回路，该回路可实现两种不同的系统压力控制。由先导型溢流阀 2 和直动式溢流阀 4 各调一级，当二位二通电磁阀 3 处于图示位置时系统压

力由阀 2 调定，当阀 3 得电后处于右位时，系统压力由阀 4 调定。

图 6-26（c）所示为三级调压回路，三级压力分别由溢流阀 1、阀 2、阀 3 调定，当电磁铁 1YA、2YA 失电时，系统压力由主溢流阀调定。

（二）减压回路

减压回路指使系统中某个执行元件或某条支路所需的工作压力低于主系统的压力。

减压回路较为简单，一般是在所需低压的支路上串接减压阀。采用减压回路虽能方便地获得某支路稳定的低压，但压力油经减压阀口时要产生压力损失，这是它的缺点。

最常见的减压回路为通过定值减压阀与主油路相连，如图 6-27(a) 所示。回路中的单向阀在主油路压力降低（低于减压阀调整压力）时防止油液倒流，起短时保压作用。图 6-27(b) 所示为利用先导型减压阀 1 的远控口接一远控溢流阀 2，则可由阀 1、阀 2 各调得一种低压。

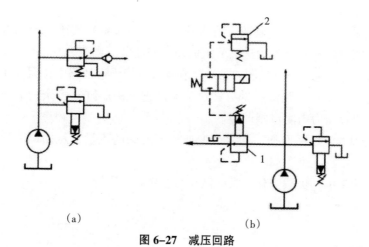

（a）　　　　　　　　　　（b）

图 6-27　减压回路

（三）卸荷回路

在液压泵驱动电动机不频繁启闭的情况下，使液压泵在功率输出接近于零的情况下运转，以减少功率损耗，降低系统发热，延长泵和电动机的寿命。

常见的卸荷方式可通过换向阀来实现。当回路 M、H 和 K 型中位机能的三位换向阀处于中位时，泵即卸荷。

如图 6-28 所示为采用 M 型中位机能的电液换向阀的卸荷回路，这种回路切换时压力冲击小，但回路中必须设置单向阀，以使系统能保持 0.3MPa 左右的压力，供操纵控制油路之用。

三、速度控制液压回路

用于控制执行元件运动速度的回路称为速度控制回路。速度控制回路一般是通过改变进入执行元件的流量来实现的。速度控制回路可分为调速回路和速度换接回路两类。

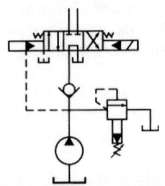

图 6-28　M 型中位机能卸荷回路

(一) 调速回路

调速回路就是用于调节执行元件的工作速度的回路。常见的调速回路有以下几种。

1. 节流调速回路

采用定量泵供油，由流量阀改变进入执行元件的流量来实现调速的方法。根据流量阀在回路中的位置不同，分为进油节流调速、回油节流调速。

(1) 进油节流调速回路 (见图 6-29)。节流阀串接于进油路上，泵的出口并联一溢流阀。工作时，泵输出的油液一部分经过节流阀进入液压缸，多余的油液经溢流阀流回油箱。泵的出口压力由溢流阀调定。

调节节流阀的流通截面积，即可改变通过节流阀的流量，从而调节液压缸的运动速度。

一般用于功率小、负载变化不大的液压系统中。

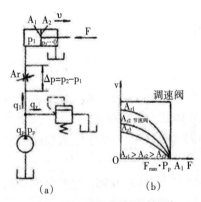

(a)　　　(b)

图 6-29　进油节流调速回路

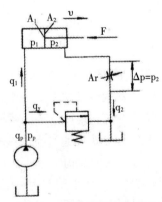

图 6-30　回油节流调速回路

(2) 回油节流调速回路 (见图 6-30)。节流阀串接于回油路上，泵的出口并联一溢流阀，工作时，泵输出的油液一部分进入液压缸，多余的油液经溢流阀流回油箱，泵的出口压力由溢流阀调定。调节节流阀的流通截面积，即可改变从液压缸流回油箱的流量，从而调节液压缸的运动速度。

主要用于功率较小、负载变化较大和运动平稳性要求较高的液压系统中。

2. 容积调速回路

容积调速回路可用变量泵供油，根据需要调节泵的输出流量，或应用变量液压马达，调节其每转排量以进行调速，也可以采用变量泵和变量液压马达联合调速。

容积调速回路的主要优点是没有节流调速时通过溢流阀和节流阀的溢流功率损失和节流功率损失。所以发热少，效率高，适用于功率较大并需要有一定调速范围的液压系统中。

3. 容积节流调速回路

容积节流调速回路的基本工作原理是采用压力补偿式变量泵供油、调速阀（或节流阀）调节进入液压缸的流量并使泵的输出流量自动地与液压缸所需流量相适应。

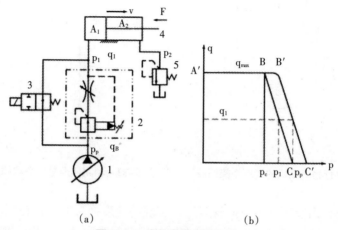

(a)   (b)

图 6-31　容积节流调速回路

图 6-31 所示为限压式变量泵与调速阀组成的调速回路工作原理和工作特性图。在图示位置，活塞 4 快速向右运动，泵 1 按快速运动要求调节其输出流量 q_{max}，同时调节限压式变量泵的压力调节螺钉，使泵的限定压力 PC 大于快速运动所需压力 ［图 6-31 （b）中 AB 段］。当换向阀 3 通电，泵输出的压力油经调速阀 2 进入缸 4，其回油经背压阀 5 回油箱。调节调速阀 2 的流量 q_1 就可调节活塞的运动速度 v，由于 $q_1 < q_B$，压力油迫使泵的出口与调速阀进口之间的油压憋高，即泵的供油压力升高，泵的流量便自动减小到 $q_B \approx q_1$ 为止。

这种调速回路的运动稳定性、速度负载特性、承载能力和调速范围均与采用调速阀的节流调速回路相同。

（二）速度换接回路

速度换接回路用来实现运动速度的变换。对这种回路的要求是速度换接要平稳。下面介绍几种回路的换接方法及特点。

1. 快速运动和工作进给运动的换接回路

如图 6-32 所示，在图示位置液压缸 3 右腔的回油可经行程阀 4 和换向阀 2 流回油箱，使活塞快速向右运动。当快速运动到达所需位置时，活塞上挡块压下行程阀 4，将其通路关闭，这时液压缸 3 右腔的回油就必须经过节流阀 6 流回油箱，活塞的运动转换为工作进给运动（简称工进）。当操纵换向阀 2 使活塞换向后，压力油可经换向阀 2 和单向阀 5 进入液压缸 3 右腔，使活塞快速向左退回。

在这种速度换接回路中，换接时的位置精度高，冲出量小，运动速度的变换也比较平稳。因此在机床液压系统中应用较多，但它的行程阀安装位置受一定限制（要由挡铁压下），所以有时管路连接稍复杂。

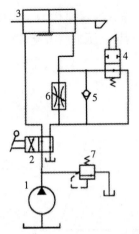 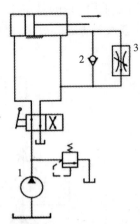

图 6-32　用行程节流阀的速度换接回路　　图 6-33　利用液压缸自身结构的速度换接回路

图 6-33 是利用液压缸本身的管路连接实现的速度换接回路。在图示位置时，活塞快速向右移动，液压缸右腔的回油经油路 1 和换向阀流回油箱。当活塞运动到将油路 1 封闭后，液压缸右腔的回油须经节流阀 3 流回油箱，活塞则由快速运动变换为工作进给运动。

这种速度换接回路方法简单，换接较可靠，但速度换接的位置不能调整，工作行程也不能过长以免活塞过宽，所以仅适用于工作情况固定的场合。这种回路也常用作活塞运动到达端部时的缓冲制动回路。

2. 两种工作进给速度的换接回路

对于某些自动机床、注塑机等，需要在自动工作循环中变换两种以上的工作进给速度，这时需要采用两种（或多种）工作进给速度的换接回路。

图 6-34 所示为调速阀并联的速度换接回路。液压泵输出的压力油经调速阀 3 和电磁阀 5 进入液压缸。当需要第二种工作进给速度时，电磁阀 5 通电，其右位接入回路，液压泵输出的压力油经调速阀 4 和电磁阀 5 进入液压缸。这种回路中两个调速阀的节流口可以单独调节，互不影响。但一个调速阀工作时，另一个调速阀中没有油液通过，它的减压阀则处于完全打开的位置，在速度换接开始的瞬间不能起减压作用，容易出现部件突然前冲的现象。

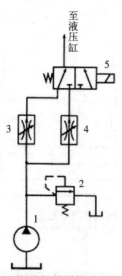

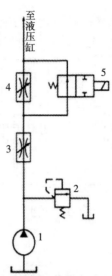

图 6-34　调速阀并联的速度换接回路　　　　图 6-35　调速阀串联的速度换接回路

图 6-35 是两个调速阀串联的速度换接回路。图中液压泵输出的压力油经调速阀 3 和电磁阀 5 进入液压缸，这时的流量由调速阀 3 控制。当需要第二种工作进给速度时，阀 5 通电，其右位接入回路，则液压泵输出的压力油先经调速阀 3，再经调速阀 4 进入液压缸，这时的流量应由调速阀 4 控制。这种回路在工作时调速阀 3 一直工作，它限制着进入液压缸或调速阀 4 的流量，因此在速度换接时不会使液压缸产生前冲现象，换接平稳性较好。

四、顺序动作液压回路

当一个液压系统中存在几个液压执行元件时，这几个执行元件的动作往往存在一定的先后顺序。顺序动作回路就是指控制液压系统中执行元件动作先后次序的回路。如液压传动的机床常要求先夹紧工件，然后使工作台移动以进行切削加工，这时就需要采用顺序动作回路来实现。下面介绍几种常见的顺序动作回路。

（一）用压力继电器控制的顺序回路

图 6-36 是机床的夹紧、进给系统，要求的动作顺序是：先将工件夹紧，然后动力滑台进行切削加工，动作循环开始时，二位四通电磁阀处于图示位置，液压泵输出的压力油进入夹紧缸的右腔，左腔回油，活塞向左移动，将工件夹紧。夹紧后，液压缸右腔的压力升高，当油压超过压力继电器的调定值时，压力继电器发出信号，指令电磁阀的电磁铁 2DT、4DT 通电，进给液压缸动作（其动作原理详见速度换接回路）。

为保证顺序动作的可靠性，压力继电器的调整压力应大于先动作缸的最高工作压力 0.3M~0.5MPa。

（二）用顺序阀控制的顺序动作回路

图 6-37 中，单向顺序阀 4 控制两液压缸前进时的先后顺序，单向顺序阀 3 控制两液压缸后退时的先后顺序。

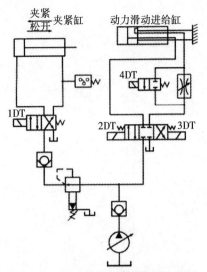

图 6-36 压力继电器控制的顺序回路

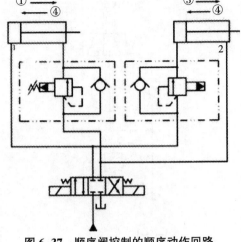

图 6-37 顺序阀控制的顺序动作回路

当电磁换向阀通电时，压力油进入液压缸 1 的左腔，右腔经阀 3 中的单向阀回油，此时由于压力较低，顺序阀 4 关闭，缸 1 的活塞先动。

当液压缸 1 的活塞运动至终点时，油压升高，达到单向顺序阀 4 的调定压力时，顺序阀开启，压力油进入液压缸 2 的左腔，右腔直接回油，缸 2 的活塞向右移动。

当液压缸 2 的活塞右移达到终点后，电磁换向阀断电复位，此时压力油进入液压缸 2 的右腔，左腔经阀 4 中的单向阀回油，使缸 2 的活塞向左返回，到达终点时，压力油升高打开顺序阀 3 再使液压缸 1 的活塞返回。

这种顺序动作回路的可靠性，在很大程度上取决于顺序阀的性能及其压力调整值。顺序阀的调整压力应比先动作的液压缸的工作压力高 0.8M~1MPa，以免在系统压力波动时，发生误动作。

（三）用行程控制的顺序动作回路

行程控制顺序动作回路是指工作部件到达一定位置时，发出信号来控制液压缸的先后动作顺序，它可以利用行程开关、行程阀或顺序缸来实现。

如图 6-38 所示，按下按钮，使电磁铁通电，换向阀右位接入系统，实现动作①；动作①终了时，活塞杆上的挡块压下行程阀，使行程阀上位接入系统，实现动作②。当电磁铁断电时，换向阀左位接入系统，实现动作③；当挡块离开行程阀滚轮时，行程阀复位，实现动作④。

采用电气行程开关控制的顺序回路，调整行程大小和改变动作顺序均很方便，且可利用电气互锁使动作顺序可靠。

【知识应用】

什么是液压基本回路？常用的液压基本回路按功能可分为哪几类？

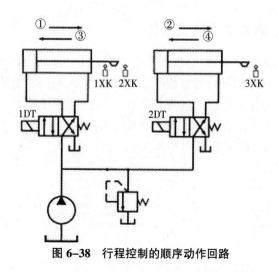

图 6-38 行程控制的顺序动作回路

任务 4 液压系统

【学习目标】

了解液压传动系统。

【学习重点和难点】

液压传动系统。

【任务导入】

液压传动系统是根据机械设备的工作要求，选用适当的液压基本回路有机组合而成。

液压传动系统种类繁多，它的应用涉及机械制造、轻工、纺织、工程机械、船舶、航空和航天等各个领域，但根据其工作情况，典型液压系统视液压传动系统的工况要求与特点可分为：以速度变换为主的液压系统（如组合机床系统）、以换向精度为主的液压系统（如磨床系统）、以压力变换为主的液压系统（如液压机系统）、多个执行元件配合工作的液压系统（如机械手液压系统）。

【相关知识】

下面以组合机床动力滑台液压系统为例进行介绍。

动力滑台是组合机床上实现进给运动的一种通用部件，配上动力箱和多轴箱后可以对工件完成各类孔的钻、镗、铰加工等工序。液压动力滑台用液压缸驱动，在电气和机械装置的配合下可以实现一定的工作循环。

一、YT4543 型动力滑台液压系统

YT4543 型动力滑台液压系统原理图如图 6-39 所示，其电磁铁动作顺序如表 6-4 所示。该系统采用限压式变量叶片泵供油，电液换向阀换向，行程阀实现快慢速度转换，串联调速阀实现两种工作进给速度的转换，其最高工作压力不大于 6.3MPa。液压滑台的工作循环，是由固定在移动工作台侧面上的挡铁直接压行程阀换位或压行程开关控制电磁换向阀的通、断电顺序实现的。

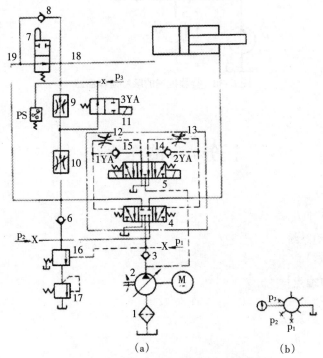

图 6-39　YT4543 型动力滑台液压系统图

表 6-4　电磁铁动作顺序表

动作名称	电磁铁、压力继电器				
	1YA	2YA	3YA	PS	行程阀7
快进（差动）	+	-	-	-	下位工作
一工进	+	-	-	-	上位工作
二工进	+	-	+	-	上位工作
死挡铁停留	+	-	-	+	上位工作
快退	-	+	-	-	上位→下位
原位停止	-	-	-		下位

由图 6-39 和表 6-4 可知，该系统可实现的典型工作循环是：快进→第一次工进→第二次工进→止挡块停留→快退→原位停止，其工作情况分析如下。

（一）快速进给

按下启动按钮，电磁铁 1YA 通电，先导电磁阀 5 的左位接入系统，由泵 2 输出的压力油经先导电磁阀 5 进入液动阀 4 的左侧，使液动阀 4 换至左位，液动阀 4 右侧的控制油经阀 5 回油箱。这时系统中油液的流动油路是：

进油路：变量泵 2→单向阀 3→液动阀 4 左位→行程阀 7→液压缸左腔（无杆腔）；

回油路：液压缸右腔→液动阀 4 左位→单向阀 6→行程阀 7→液压缸左腔（无杆腔），这时形成差动回路。

因为快进时滑台液压缸负载小，系统压力低，外控顺序阀 16 关闭，液压缸为差动连接。变量泵 2 在低压下输出流量大，所以滑台快速进给。

（二）第一次工作进给

当快进到预定位置时，滑台上的液压挡块压下行程阀 7，使油路 18、油路 19 断开，即切断快进油路。此时，电磁铁 1YA 继续通电，其控制油路未变，液动阀 4 仍是左位接入系统；电磁阀 11 的电磁铁 3YA 处于断电状态，这时主油路必须经过调速阀 10，使阀前系统压力升高，外控顺序阀 16 被打开，单向阀 6 关闭，液压缸右腔的油液经阀 16 和背压阀 17 流回油箱，这时系统中油液的流动油路是：

进油路：变量泵 2→单向阀 3→液动阀 4 左位→调速阀 10→电磁阀 11 左位→液压缸左腔；

回油路：液压缸右腔→液动阀 4 左位→外控顺序阀 16→背压阀 17→油箱。

因工作进给压力升高，变量泵 2 的流量会自动减少，以便与调速阀 10 的开口相适应，动力滑台做第一次工作进给。

（三）第二次工作进给

第一次工作进给结束时，电气挡块压下电气行程开关，使电磁铁 3YA 通电，电磁阀 11 右位接入系统，油路断开，这时进油路必须经过阀 10 和阀 9 两个调速阀，实现第二次工作进给，进给速度由调速阀 9 调定，而调速阀 9 调节的工作进给速度应小于调速阀 10 调节的工作进给速度。这时系统中油液的流动油路是：

进油路：变量泵 2→单向阀 3→液动阀 4 左位→调速阀 10→调速阀 9→液压缸左腔；

回油路：与第一次工作进给时的回油路相同。

（四）止挡块停留

动力滑台第二次工作进给终了碰到止挡块时，不再前进，其系统压力进一步升高，一方面变量泵保压卸荷，另一方面使压力继电器 PS 动作而发出信号接通控制电路中的延时继电器，调整延时继电器可调整希望停留的时间。

（五）快速退回

延时继电器停留时间到后，给出动力滑台快速退回的信号，电磁铁 1YA、3YA 断电，2YA 通电，先导电磁阀 5 的右位接入控制油路，使液动阀 4 右位接入主油路。这时主油路油液的情况是：

进油路：变量泵 2→单向阀 3→液动阀 4 右位→液压缸右腔；

回油路：液压缸左腔→单向阀 8→液动阀 4→油箱。

这时系统压力较低，变量泵 2 输出流量大，动力滑台快速退回。

（六）原位停止

当动力滑台快速退回到原始位置时，原位电气挡块压下原位行程开关，使电磁铁 2YA 断电，阀 5 和阀 4 都处于中间位置，液压缸失去动力来源，液压滑台停止运动。这时，变量泵输出油液经单向阀 3 和液控换向阀 4 流回油箱，液压泵卸荷。

由上述分析可知，外控顺序阀 16 在动力滑台快进时必须关闭，而工进时必须打开，因此，外控顺序阀 16 的调定压力应低于工进时的系统压力而高于快进时的系统压力。

系统中有三个单向阀，其中，单向阀 6 的作用是：在工进时隔离进油路和回油路。

单向阀 3 除有保护液压泵免受液压冲击的作用外，主要是在系统卸荷时使电液换向阀的控制油路有一定的控制压力，确保实现换向动作。单向阀 8 的作用则是确保实现快退。

二、YT4543 型动力滑台液压系统

由上述分析可知，YT4543 型动力滑台的液压系统主要由下列基本回路组成：

（1）由限压式变量泵、调速阀、背压阀组成的容积节流调速回路；

（2）单杆液压缸差动连接快速运动回路；

（3）电液换向阀（由阀 5、阀 4 组成）的换向回路；

（4）行程阀和电磁阀的速度换接回路；

（5）串联调速阀的二次进给回路；

（6）采用三位换向阀 M 型中位机能的卸荷回路。

这些基本回路决定了系统的主要性能，该系统具有以下特点：

（1）采用限压式变量泵和调速阀组成的容积节流进油路调速回路，并在回油路上设置了背压阀，使动力滑台能获得稳定的低速运动、较好的速度刚性和较大的工作速度调节范围。

（2）采用限压式变量泵和差动连接回路，快进时能量利用比较合理，工进时只输出与调速阀相适应的流量；止挡块停留时，变量泵只输出补偿系统内泄漏所需要的流量，处于流量卸荷状态，系统无溢流损失，效率高。

（3）采用行程阀和顺序阀实现快进与工进的速度切换，动作平稳可靠、无冲击，速度换接的位置精度高。

（4）在第二次工作进给结束时，采用止挡块停留，动力滑台的停留位置精度高，适用于镗端面，镗阶梯孔、锪孔和锪端面等工序。

（5）采用调速阀串联的二次进给速度换接方式，速度转换时的前冲量较小，并有利于利用压力继电器发出信号进行停留时间控制或快速退回控制。

【知识应用】

YT4543 型动力滑台液压驱动系统采用了哪些形式的调速回路和速度换接回路？请说明该液压系统的特点。

复习与思考题

6-1. 什么叫液压传动？液压传动所用的工作介质是什么？

6-2. 液压传动系统由哪几部分组成？各组成部分的作用是什么？

6-3. 试述液压泵工作的必要条件。

6-4. 液压马达和液压泵有哪些相同点和不同点？

6-5. 试说明齿轮泵的困油现象及解决办法。

6-6. 在液压传动系统中，控制阀起什么作用？通常分为几大类？

6-7. 溢流阀在液压传动系统中有什么功能和作用？

6-8. 为什么调速阀能够使液压执行元件的运动速度稳定？

6-9. 如图 6-40 所示的液压回路，它能否实现夹紧缸 I 先夹紧工件，然后进给缸 II 再移动的要求（夹紧缸 I 的速度必须能调节）？为什么？应该怎么办？

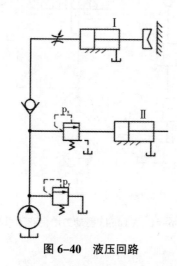

图 6-40 液压回路

6-10. 图 6-41 所示的 YT4543 型动力滑台液压系统是由哪些基本液压回路组成的？单向阀 3、阀 15 和阀 17 在液压系统中起什么作用？顺序阀 18 和溢流阀 19 各在液压系统中起什么作用？

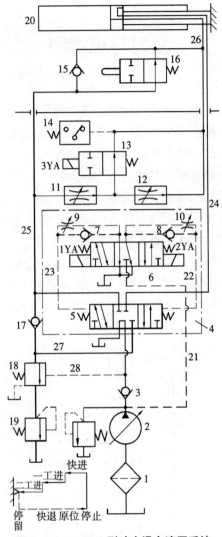

图 6-41 YT4543型动力滑台液压系统

附　录

附录 1　普通 V 带的带长修正系数 K_L

（摘自 GB/T 13575.1-2008《普通和窄 V 带传动　第 1 部分：基准宽度制》）

Y L_d	K_L	Z L_d	K_L	A L_d	K_L	B L_d	K_L	C L_d	K_L	D L_d	K_L	E L_d	K_L
200	0.81	405	0.87	630	0.81	930	0.83	1565	0.82	2740	0.82	4660	0.91
224	0.82	475	0.90	700	0.83	1000	0.84	1760	0.85	3100	0.86	5040	0.92
250	0.84	530	0.93	790	0.85	1100	0.86	1950	0.87	3330	0.87	5420	0.94
280	0.87	625	0.96	890	0.87	1210	0.87	2195	0.90	3730	0.90	6100	0.96
315	0.89	700	0.99	990	0.89	1370	0.90	2420	0.92	4080	0.91	6850	0.99
355	0.92	780	1.00	1100	0.91	1560	0.92	2715	0.94	4620	0.94	7650	1.01
400	0.96	920	1.04	1250	0.93	1760	0.94	2880	0.95	5400	0.97	9150	1.05
450	1.00	1080	1.07	1430	0.96	1950	0.97	3080	0.97	6100	0.99	12230	1.11
500	1.02	1330	1.13	1550	0.98	2180	0.99	3520	0.99	6840	1.02	13750	1.15
		1420	1.14	1640	0.99	2300	1.01	4060	1.02	7620	1.05	15280	1.17
		1540	1.54	1750	1.00	2500	1.03	4600	1.05	9140	1.08	16800	1.19
				1940	1.02	2700	1.04	5380	1.08	10700	1.13		
				2050	1.04	2870	1.05	6100	1.11	12200	1.16		
				2200	1.06	3200	1.07	6815	1.14	13700	1.19		
				2300	1.07	3600	1.09	7600	1.17	15200	1.21		
				2480	1.09	4060	1.13	9100	1.21				
				2700	1.10	4430	1.15	10700	1.24				
						4820	1.17						
						5370	1.20						
						6070	1.24						

附录 2　V 带轮的基准直径

（摘自 GB/T 13575.1-2008《普通和窄 V 带传动　第 1 部分：基准宽度制》）

单位：mm

d_t	槽型						
	Y	Z SPZ	A SPA	B SPB	C SPC	D	E
20	+						
22.4	+						
25	+						
28	+						

d_t	槽型						
	Y	Z	A	B	C	D	E
		SPZ	SPA	SPB	SPC		
31.5	+						
35.5	+						
40	+						
45	+						
50	+	+					
56	+	+					
63		·					
71		·					
75		·	+				
80	+	·	+				
85			+				
90	+	·	·				
95			·				
100	+	·	·				
106			·				
112	+	·	·				
118			·				
125	+	·	·	+			
132		·	·	+			
140		·	·	·			
150		·	·				
160		·	·	·			
170				·			
180		·	·	·			
200		·	·	·	+		
212					+		
224		·	·	·	·		
236					·		
250		·	·	·	·		
265					·		
280		·	·	·	·		
300					·		
315		·	·	·	·		
335					·		
355		·	·	·	·	+	
375						+	
400		·	·	·	·	+	
425						+	
450			·	·	·	+	
475						+	

附录3　普通平键尺寸与公差（摘自 GB/T 1096–2003《普通型　平键》）

单位：mm

宽度 b

基本尺寸	2	3	4	5	6	8	10	12	14	16	18	20	22
极限偏差 (h8)	0 −0.014		0 −0.018			0 −0.022		0 −0.027				0 −0.033	

高度 h

基本尺寸	2	3	4	5	6	7	8	8	9	10	11	12	14
极限偏差　矩形 (h11)	—		—				0 −0.090				0 −0.110		
极限偏差　方形 (h8)	0 −0.014		0 −0.018			—				—			

倒角或倒圆 s

0.16~0.25	0.25~0.40	0.40~0.60	0.60~0.80

长度 L

基本尺寸	极限偏差 (h14)	2	3	4	5	6	8	10	12	14	16	18	20	22
6	0 −0.36			—	—	—	—	—	—	—	—	—	—	—
8					—	—	—	—	—	—	—	—	—	—
10						—	—	—	—	—	—	—	—	—
12	0 −0.43					—	—	—	—	—	—	—	—	—
14							—	—	—	—	—	—	—	—
16							—	—	—	—	—	—	—	—
18								—	—	—	—	—	—	—
20								—	—	—	—	—	—	—
22	0 −0.52	—				标准			—	—	—	—	—	—
25		—							—	—	—	—	—	—
28		—								—	—	—	—	—
32	0 −0.62	—								—	—	—	—	—
36		—									—	—	—	—
40		—	—								—	—	—	—
45		—	—				长度					—	—	—
50		—	—	—									—	—
56	0 −0.74	—	—	—										—
63		—	—	—	—									
70		—	—	—	—									
80		—	—	—	—	—								
90	0 −0.87	—	—	—	—	—					范围			
100		—	—	—	—	—	—							
110		—	—	—	—	—	—							
125	0 −1.00	—	—	—	—	—	—	—						
140		—	—	—	—	—	—	—						
160		—	—	—	—	—	—	—	—					
180		—	—	—	—	—	—	—	—	—				
200	0 −1.15	—	—	—	—	—	—	—	—	—	—			
220		—	—	—	—	—	—	—	—	—	—	—		
250		—	—	—	—	—	—	—	—	—	—	—	—	

附录4　常用液压图形符号（摘自 GB/T786.1–2009《流体传动系统及元件图形符号和回路图第1部分：用于常规用途和数据处理的图形符号》）

1. 液压泵、液压马达和液压缸

名称		符号	说明	名称		符号	说明
液压泵	液压泵		一般符号	液压马达	单向变量液压马达		单向流动，单向旋转，变排量
	单向定量液压泵		单向旋转、单向流动、定排量		双向变量液压马达		双向流动，双向旋转，变排量
	双向定量液压泵		双向旋转，双向流动，定排量		摆动马达		双向摆动，定角度
	单向变量液压泵		单向旋转，单向流动，变排量	泵—马达	定量液压泵—马达		单向流动，单向旋转，定排量
	双向变量液压泵		双向旋转，双向流动，变排量		变量液压泵—马达		双向流动，双向旋转，变排量，外部泄油
液压马达	液压马达		一般符号		液压整体式传动装置		单向旋转，变排量泵，定排量马达
	单向定量液压马达		单向流动，单向旋转	单作用缸	单活塞杆缸		详细符号
	双向定量液压马达		双向流动，双向旋转，定排量				简化符号

续表

名称		符号	说明	名称	符号	说明
单作用缸	单活塞杆缸（带弹簧复位）	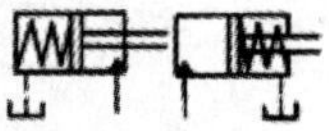	详细符号	可调双向缓冲缸		详细符号
		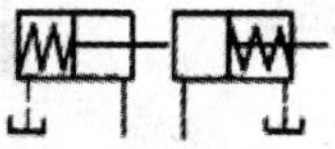	简化符号			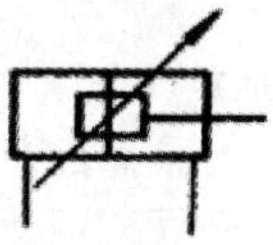 简化符号
	柱塞缸			双作用缸	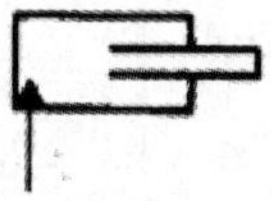 伸缩缸	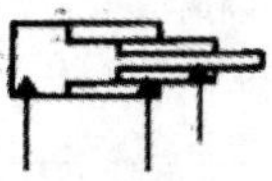
	伸缩缸	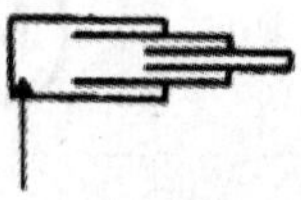			单活塞杆缸	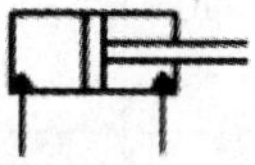 详细符号
双作用缸	不可调单向缓冲缸	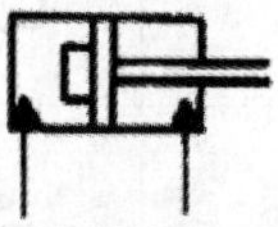	详细符号			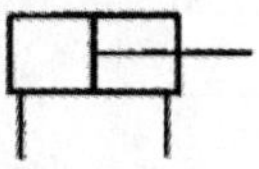 简化符号
		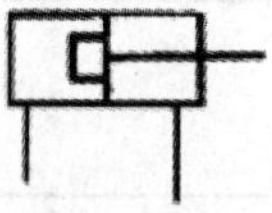	简化符号		双活塞杆缸	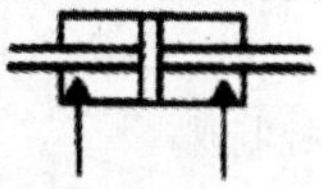 详细符号
	可调单向缓冲缸	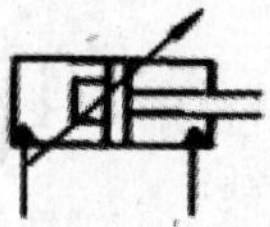	详细符号			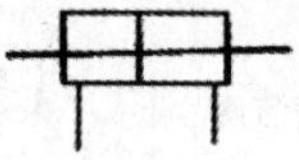 简化符号
		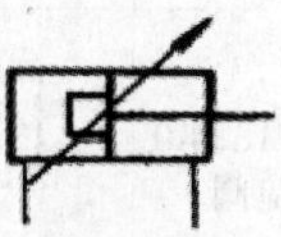	简化符号	压力转换器	气—液转换器	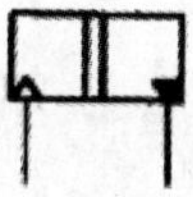 单程作用
	不可调双向缓冲缸		详细符号			 连续作用
		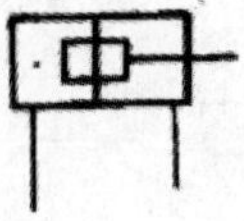	简化符号		增压器	 单程作用

235

名称		符号	说明	名称	符号	说明
压力转换器	增压器		连续作用	气罐		
蓄能器	蓄能器		一般符号	能量源	液压源	 一般符号
	气体隔离式				气压源	 一般符号
	重锤式				电动机	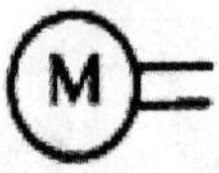
	弹簧式				原动机	 电动机除外
	辅助气瓶  					

2. 压力控制阀

名称		符号	说明	名称	符号	说明
溢流阀	溢流阀		一般符号或直动型溢流阀	溢流阀	直动式比例溢流阀	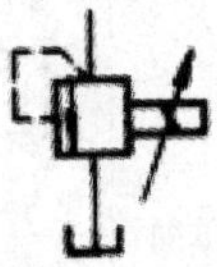
	先导型溢流阀	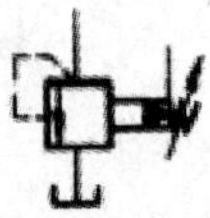			先导比例溢流阀	
	先导型电磁溢流阀	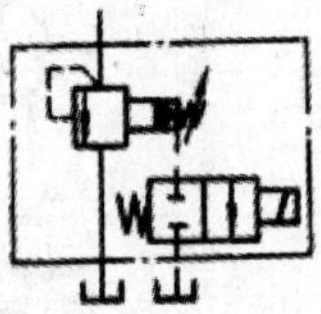	(常闭)		卸荷溢流阀	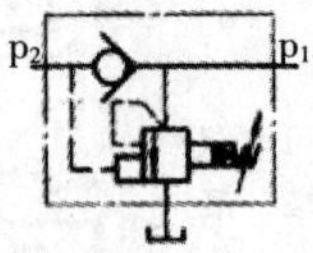 $p_2>p_1$ 时卸荷

236

名称		符号	说明	名称		符号	说明
溢流阀	双向溢流阀	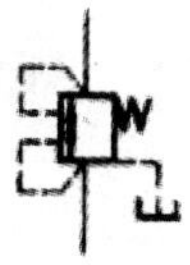	直动式，外部泄油	顺序阀	顺序阀	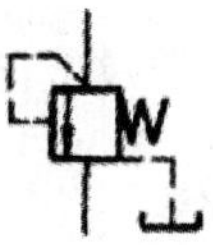	一般符号或睦动型顺序阀
减压阀	减压阀		一般符号或直动型减压阀		先导型顺序阀	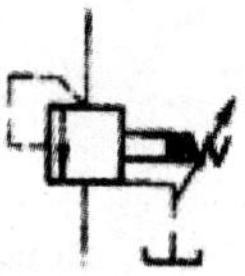	
	先导型减压阀				单向顺序阀（平衡阀）	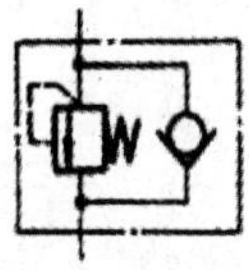	
	溢流减压阀			卸荷阀	卸荷阀	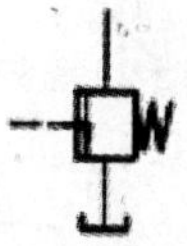	一般符号或直动型卸荷阀
	先导型比例电磁式溢流减压阀	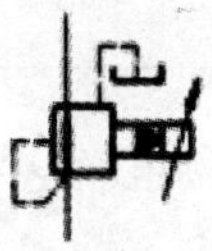			先导型电磁卸荷阀	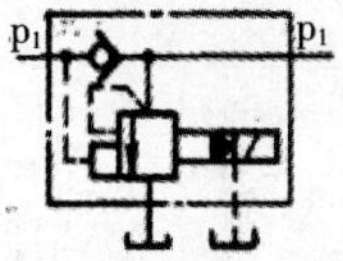	$p_1>p_2$
	定比减压阀	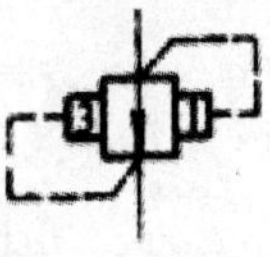	减压比 1/3	制动阀	双溢流制动阀	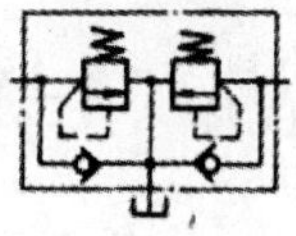	
	定差减压阀				溢流油桥制动阀	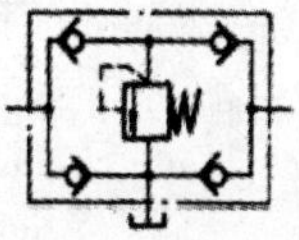	

3. 方向控制阀

名称		符号	说明	名称		符号	说明
单向阀	单向阀		详细符号	液压单向阀	液控单向阀	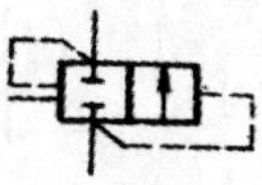	详细符号（控制压力关闭阀）
		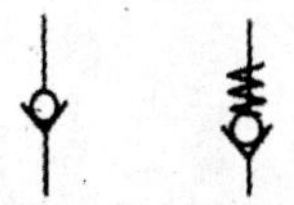	简化符号（弹簧可省略）				简化符号

237

名称		符号	说明	名称	符号	说明
液压单向阀	液控单向阀		详细符号（控制压力打开阀）	三位四通电磁阀		
			简化符号（弹簧可省略）	三位四通电液阀		简化符号（内控外泄）
	双液控单向阀			三位六通手动阀		
梭阀	或门型		详细符号	三位五通电磁阀		
			简化符号	三位四通电液阀		外控内泄（带手动应急控制装置）
换向阀	二位五通液动阀			换向阀 三位四通比例阀		节流型，中位正遮盖
	二位四通机动阀			三位四通比例阀		中位负遮盖
	二位二通电磁阀		常断	二位四通比例阀		
			常通	四通伺服		
	二位三通电磁阀			四通电液伺服阀		二级
	二位三通电磁球阀					带电反馈三级
	二位四通电磁阀					

238

4. 流量控制阀

名称		符号	说明	名称	符号	说明
节流阀	可调节流阀		详细符号	调速阀		简化符号
			简化符号		旁通型调速阀	简化符号
	不可调节流阀		一般符号		温度补偿型调速阀	简化符号
	单向节流阀				单向调速阀	简化符号
	双单向节流阀			同步阀	分流阀	
	截止阀				单向分流阀	
	滚轮控制节流阀(减速阀)				集流阀	
调速阀	调速阀		详细符号		分流集流阀	

参考文献

［1］熊建武，王韧，陈振环.机械原理与机械零部件设计 ［M］.青岛：中国海洋大学出版社，2015.

［2］李世维.机械基础（机械类）［M］.北京：高等教育出版社，2013.

［3］曾德江，朱中仕.机械基础（少学时）［M］.北京：机械工业出版社，2012.

［4］魏兵，杨文提.机械设计基础 ［M］.武汉：华中科技大学出版社，2011.

［5］曾德江，黄均平.机械基础（工程力学分册）［M］.北京：机械工业出版社，2010.

［6］刘天佑.金属学与热处理 ［M］.北京：冶金工业出版社，2009.

［7］孟延军，关昕.金属学及热处理 ［M］.北京：冶金工业出版社，2008.

［8］李力，向敬忠.机械设计基础 ［M］.北京：清华大学出版社，2007.

［9］王良才.机械设计基础 ［M］.北京：北京大学出版社，2007.

［10］曲玉峰，关晓平.机械设计基础 ［M］.北京：中国林业出版社，北京大学出版社，2006.

［11］杨可桢，程光蕴，李仲生.机械设计基础 ［M］.北京：高等教育出版社，2006.

［12］简引霞.液压传动技术 ［M］.陕西：西安电子科技大学出版社，2006.